柔性制造单元的智能控制技术

米智伟 刘丽兰 方明伦 编著

清华大学出版社
北 京

内 容 简 介

柔性制造单元可以看作最小的数字化工厂,是智能制造的基础单元。智能控制可以比拟为柔性制造单元的"大脑",它使柔性制造单元更加智能、灵活和敏捷,从而使柔性制造单元能快速地适应复杂多变的环境。作为"智能制造工程"专业的教材,本书尝试从系统科学与工程的角度阐述柔性制造单元的智能控制的基本概念、工作原理、体系结构以及核心技术——制造过程建模、信息集成、过程控制、智能调度和深度学习。

本书可作为高等院校机电工程、自动化、计算机及相关专业的高年级本科生或研究生教材,也可供研究人员和工程技术人员阅读参考。

图书在版编目(CIP)数据

柔性制造单元的智能控制技术/米智伟,刘丽兰,方明伦编著.—北京:清华大学出版社,2021.10
ISBN 978-7-302-59189-4

Ⅰ.①柔… Ⅱ.①米… ②刘… ③方… Ⅲ.①柔性制造单元-智能控制 Ⅳ.①TH165 ②TP273

中国版本图书馆 CIP 数据核字(2021)第 187080 号

责任编辑:刘 杨 冯 昕
封面设计:常雪影
责任校对:赵丽敏
责任印制:刘海龙

出版发行:清华大学出版社
  网 址:http://www.tup.com.cn,http://www.wqbook.com
  地 址:北京清华大学学研大厦 A 座   邮 编:100084
  社 总 机:010-62770175   邮 购:010-62786544
  投稿与读者服务:010-62776969,c-service@tup.tsinghua.edu.cn
  质量反馈:010-62772015,zhiliang@tup.tsinghua.edu.cn
印 刷 者:北京富博印刷有限公司
装 订 者:北京市密云县京文制本装订厂
经 销:全国新华书店
开 本:185mm×260mm 印 张:10.25   字 数:244 千字
版 次:2021 年 10 月第 1 版   印 次:2021 年 10 月第 1 次印刷
定 价:39.00 元

产品编号:089480-01

　　制造业直接体现着一个国家或地区的经济和综合实力,是立国之本、强国之基、兴国之器。随着时代的变迁,制造业的发展重点也发生了巨大的变化。历史上的工业革命有三次,可以大致归纳为第一次的机械化工业革命、第二次的电气化工业革命和第三次的数字化工业革命,而正在到来的第四次工业革命则是以智能化——新一代人工智能(artificial intelligence,AI)为标志的智能制造。

　　人工智能可以比拟为智能制造的"大脑",它使制造系统更加智能、灵活和敏捷,从而使制造系统能够快速地适应多变的环境,实现智能制造系统与混沌环境的和谐。数字化制造是智能制造的基础,没有数字化,智能制造将是无源之水、无本之木。数字化工厂是将产品从设计意图转化为实体产品的关键环节,是数字化制造的基础。柔性制造单元(flexible manufacturing cell,FMC)提供了一种完整的多品种、小批量、离散型制造模式的解决方案,具有高度柔性和智能化加工能力,能适应复杂多变的市场需求,是数字化工厂建设的新方向。FMC可以看作最小的数字化工厂,是数字化工厂落地生根最有效的"抓手"。通过众多FMC的分工合作,整个数字化工厂就可以通过积木式、模块化、标准化、分区化的方式,进行自由地变换组合,从而大大提升数字化工厂对内外部环境变化的快速响应能力。如今的FMC不仅能完成机械加工,而且还能完成钣金加工、锻造、焊接、铸造、激光、电火花等多种加工,以及喷漆、热处理、注塑和橡胶膜制等工作;而从整个制造业所生产的产品来看,现在的FMC已不再局限于生产机床、汽车、飞机、舰船等产品,而是逐步扩展并应用到计算机、手机、半导体、化工等产品的生产之中。

　　控制系统是柔性制造单元的核心,它贯穿于系统的各个方面和各个层级,控制和指挥系统的各个环节协调一致地按作业计划运行,以期获取最佳的运行效果。

　　柔性制造单元常常表现为高度非线性、不确定性和复杂性。这些特性给柔性制造单元的控制系统带来了新的挑战,提出了更高的要求,如:要求控制系统能在不确定、不完整的环境下充分理解目标和感知环境;要求控制系统在复杂多变的环境下,要有较强的自学习和自适应能力,要有灵活性、敏捷性和适应性,要能自主地做出合理有效的决策和适当的反应,以实现高度综合与抽象的控制目标。

　　显然,基于精确数学模型的传统控制难以解决上述复杂对象的控制问题。诞生于 20 世纪 60 年代的智能控制理论与技术,为解决像柔性制造单元这样复杂被控对象的控制问题,提供了新的思维,产生了更为有效、更有针对性的控制方法。

本书是编者在上海大学上海市智能制造及机器人重点实验室多年科研实践和教学工作的基础上编写的。作为"智能制造工程"专业的教材,本书尝试从系统科学与工程的角度阐述柔性制造单元的智能控制的基本概念、工作原理、体系结构以及核心技术——制造过程建模、信息集成、过程控制、智能调度和深度学习。

本教材内容分为两大部分。

第 1 章和第 2 章为综述部分:主要介绍柔性制造单元的研究背景及意义、离散事件动态系统的概念及建模方法、人工智能的发展简史以及 FMC 智能控制系统的综述及体系架构。

第 3 章至第 6 章共 4 章为分述部分:详细阐述基于 Petri 网的制造过程建模原理、FMC制造过程建模和性能分析的详细流程以及 FMC 的过程控制系统的实现;详细介绍基于遗传算法的单目标和多目标 FMC 调度智能算法;详细阐述深度学习的基本概念、基本原理、发展历程以及深度学习模型的训练、评估与改进,概述基于深度学习的计算机视觉技术,重点介绍目前性能最优且应用最广泛的"两阶段目标检测算法"和"一阶段目标检测算法"。

本书的编写得到了上海大学上海市智能制造及机器人重点实验室的大力支持与帮助,在此表示最诚挚的感谢。

衷心感谢 SAP(北京)软件系统有限公司邬学宁专家的帮助和宝贵建议。

衷心感谢清华大学出版社,特别是刘杨编辑。

在本书的编写过程中,编者参考了国内外大量的专著、教材和文献,在此谨向有关著作者致以衷心的谢意!

由于编者的水平和能力有限,书中错谬之处在所难免,内容表述也会存在不妥之处,承蒙各位专家和广大读者不吝赐教,将不胜感激。

米智伟

2021 年 6 月

CONTENTS
▍目录

第1章

绪论

1.1 柔性制造单元

1.1.1 柔性制造单元的外延

制造业直接体现着一个国家或地区的经济和综合实力,体现着一个国家或地区的生产力水平,是国民经济的主体,是立国之本、强国之基、兴国之器。

随着时代的变迁,制造业的发展重点也发生了巨大的变化。从18世纪开始,随着科学技术的发展,以及需求的牵引,人类社会逐渐开始进入工业革命。如图1.1所示,历史上的工业革命有三次,可以大致归纳为第一次的机械化工业革命、第二次的电气化工业革命和第三次的数字化工业革命,而正在到来的第四次工业革命则是以智能化——新一代人工智能(artificial intelligence,AI)为标志的智能制造。

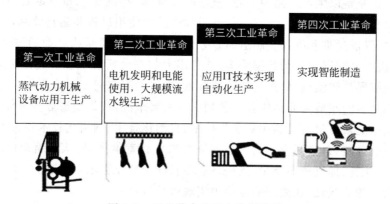

图1.1　工业革命的历史发展路程

人工智能好比是智能制造的"大脑",它使制造系统更加智能、灵活和敏捷,从而使制造系统能够快速地适应多变的环境,实现智能制造系统与混沌环境的和谐。数字化制造是智能制造的基础,没有数字化,智能制造将是无源之水、无本之木。数字化制造是实现智能制造的必由之路,或者说,实现制造业数字化转型(digital transformation)是智能制造成功与否的关键所在。

数字化制造起源于20世纪中期,主要技术与系统有CAX/PDM/PLM、SCM/ERP/

CRM、APO/MES、SCADA/FCS/PLC 等。数十年来,国内外对数字化制造的研究和应用越来越深入,但是对于数字化制造的定义却没有统一的定论。美国国家标准研究院 NIST 将数字化制造定义为"在整个产品生命周期,通过数字化技术来提高产品、流程、企业的性能,同时缩短周期,降低成本"。本书编者认为数字化制造就是通过数字化技术、自动化技术、网络化技术和人工智能技术,增强和拓展制造系统的感知、分析、决策、控制和持续改善的能力,实现物理实体—数字空间—物理实体的闭环,从而优化制造过程,创新管理手段,变革商业模式,极大地提升制造系统的柔性和灵活性,最终实现大规模定制以适应不确定的环境。

数字化在企业发展过程中的作用,已经从提升效率和劳动生产力的辅助角色,上升为企业基础创新和创造的使能者,再演变为支持企业数字转型(即转型为数字商业模式、数字运行模式、数字生产模式、数字人才和技能)的核心角色。数字化将助力传统制造企业实现如下的转型升级。

1. 实现大规模定制化制造的转型

传统制造业是以少品种、大批量的"大规模制造"方式展开的流水线生产,并按库存来销售。而在"大规模定制"的时代,企业借助物联网、大数据和云计算,可与用户进行深度交互,广泛征集需求,运用大数据分析建立排产模型,依托柔性生产线(即一条生产线可以生产不同型号的产品),在保持规模生产经济性的同时提供个性化的产品,实现以用户为中心的个性化定制和按需生产,有效地满足市场的多样化需求,解决制造业长期存在的库存和产能问题,实现产销动态平衡。

2. 实现制造向服务的延伸和转型

传统制造企业是以生产产品为中心,根据产品成本、物流成本和一定的利润定价,以销售产品来获取利润。产品卖出之后,一般不干预产品的使用过程和运营效率,只是当产品出现问题的时候,提供运维和维保。制造向服务化的延伸和转型是指企业通过在产品上添加感知模块,实现产品联网与运行数据采集,并利用大数据分析提供多样化服务,实现由卖产品向卖服务的拓展与转型,有效地延伸价值链条,扩展利润空间。制造业服务化延伸和转型已经成为越来越多的制造企业销售收入和利润的主要来源,成为制造业竞争优势的核心。

数字化制造的最终目的是利用数字化技术、自动化技术、网络化技术和人工智能技术提高企业制造和服务能力,增强企业的核心竞争力和核心竞争优势,从而缩短产品上市周期、降低成本、减少能耗、提升产品质量,满足日益增长的个性化需求,敏捷应对动态多变的外部环境和自身高度的非线性,在激烈的竞争中实现可持续性发展。

如图 1.2 所示,数字化制造模型分为如下三个层次。

底层是数字化基础设施层(digital infrastructure layer),该层的作用体现在对生产过程和设备的控制上。主要系统有数据采集与监视控制系统(supervisory control and data acquisition,SCADA)、分布式控制系统(distributed control system,DCS)、现场总线控制系统(fieldbus control system,FCS)、分布式数控系统(distributed numerical controlling,DNC)、可编程逻辑控制器(programmable logic controller,PLC)等。

中间层是数字化工厂层(digital factory layer),该层介于数字化企业层和数字化基础设施层之间。它负责整个工厂的生产调度、物流管理、设备运维、质量控制和能耗监控等制造

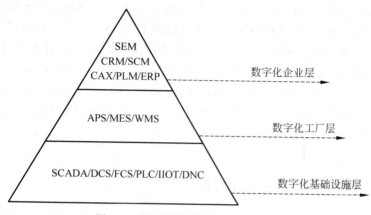

图 1.2 数字化制造模型的三个层次

活动的执行,解决企业怎么生产的问题,实现从订单下达到产品完成整个生产过程的优化管理。

最高层是数字化企业层(digital enterprise layer),该层主要是管理企业中的各种资源及制订生产计划等,解决企业生产什么、生产多少的问题。具有代表性的系统如战略企业管理(strategy enterprise management,SEM)、计算机辅助设计、工程、规划与制造(computer aided design,CAD)、(computer aided engineering,CAE)、(computer aided process planning,CAPP)、(computer aided manufacturing,CAM)、产品生命周期管理(product life cycle management,PLM)、企业资源计划(enterprise resource planning,ERP)、客户关系管理(customer relationship management,CRM)、供应链管理(supply chain management,SCM)、高级计划优化器(advanced planner and optimizer,APO)等。

尽管数字化制造在最近几十年得到了快速的发展和应用,为企业的生产管理提供了很好的解决方案和工具,但是企业发现仍有许多问题需要进一步完善。总的来说就是,上层企业信息化系统缺少足够的底层自动化系统控制信息,无法做到与底层控制系统紧密相连,不能实时获取、分析、处理生产现场中的各类与产品和生产相关的信息;同时,车间层的 DCS、FCS、PLC 等自动化控制系统,由于缺乏足够的企业管理信息支撑,也不能实现对生产有效全面的管理与控制,这样就形成了企业纵向的"信息断层";另外,工厂内部的生产调度、质量控制、物流管理、设备运维等系统之间相互孤立,缺乏相互之间的信息共享,导致各部分信息冗余、功能重叠等一系列问题,这样就形成了企业横向的"信息孤岛"。

数字化工厂是解决企业遇到的上述问题的最佳解决方案。数字化工厂是将产品从设计意图转化为实体产品的关键环节,同时它填补了企业计划层与底层设备之间的"鸿沟",因此,它在数字化企业层与数字化基础设施层之间起着桥梁和纽带的重要作用,如图 1.3 所示。

数字化工厂是一个复杂的系统,这决定了它的规划与设计需要从整体上考虑(即总体规划),但它的实施却要从底层搭建,从局部推动开始(即分步实施),

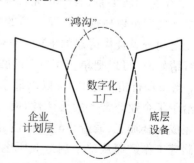

图 1.3 数字化工厂的桥梁与纽带作用

正如"九层之台,起于累土"。柔性制造单元(flexible manufacturing cell,FMC)具有高度灵活性和智能化的加工能力,能适应复杂多变的市场需求,是数字化工厂建设的新方向。柔性制造单元提供了一种完整的多品种、小批量、离散型制造模式的解决方案,可以看作是最小的数字化工厂,是数字化工厂落地生根的最有效的抓手。通过众多柔性制造单元的分工合作,整个数字化工厂就可以通过积木式、模块化、标准化、分区化的方式,进行自由的变换组合,从而极大地提升了数字化工厂适应内、外部环境变化的能力,满足现代化制造企业对中小批量、多品种产品的高效率生产的要求。

1.1.2 柔性制造单元的内涵

在需求快速多变的今天,制造业企业最重要的一项能力是敏捷应对不确定的内外部环境,如适应市场变化的能力、快速满足客户需求变化的能力等。敏捷应对包括决策智能化、设计标准化、制造柔性化等一系列策略。其中,制造柔性是指一个制造设备或系统对生产需求变化的适应能力。制造柔性化主要体现在制造设备柔性化、工艺柔性化、产品柔性化和环境柔性化等方面。

"柔性制造"是相对于"刚性生产线"而言的,传统的"刚性"制造自动化生产线,其加工设备是专为某一类零件设计的专用机床,加工工艺是固定的,适用于单一品种的大批量以产定需的生产方式;而柔性制造是以消费者为导向、以需定产的多品种、中小批量、离散型的制造模式,其设备通用、工序集中、没有固定的生产节拍,以及非顺序的物料输送等。

自1967年英国莫林斯(Molins)公司建成首条柔性制造系统(flexible manufacturing system,FMS)开始,FMS以其独到的特点发展颇为迅速。FMS能够根据制造任务或生产环境的变化迅速进行调整,实现多品种、中小批量的柔性化和个性化生产;同时,FMS还可以大幅节约人力成本、提高生产率、缩短生产周期、降低在制品数量,更为重要的是,解决产品加工的同一性问题,提高产品质量水平。进入20世纪90年代后,FMS出现了新的发展趋势,即向着柔性制造单元(FMC)的方向发展,这种发展方向转变的主要原因是由于FMS的巨大投资和有限的生产柔性。

FMC是20世纪90年代以后发展起来的简易柔性制造单元,由于其具有投资少、柔性更高的特点而得到了充分的发展,深受企业欢迎。FMC是属于小型化、经济型的柔性制造单元,功能介于单台数控机床与柔性制造系统之间。柔性制造单元彼此之间都是独立平等的,不存在隶属关系,各个单元都能独立完成各自的任务而不受其他单元的干预;同时,各个单元之间可以根据市场及产品的变化,进行灵活组合以适应产品的生产需求。这种通过单元之间分工合作构建的FMC完全区别于过去的FMS,具有更大的制造柔性,例如,当市场行情好时,可以把单个FMC扩展到多个FMC联机,甚至是扩展到企业所拥有的最大规模;当市场行情不好时,可以以最小规模的FMC来维持,从而保障对市场的加工需求,这样就给予了企业非常大的灵活性,充分利用资源。如今的FMC不仅能完成机械加工,而且还能完成钣金加工、锻造、焊接、铸造、激光、电火花等多种加工,以及喷漆、热处理、注塑和橡胶膜制等工作。而从整个制造业所生产的产品来看,现在的FMC已不再局限于生产机床、汽车、飞机、舰船等产品,而是逐步扩展并应用到计算机、手机、半导体、化工等产品的生产之中。FMC是更为理想的智能制造单元。

FMC 由 2～4 个数控加工系统组成,它们之间由自动化物料储运系统连接起来,并由计算机控制而形成一个小型化、经济型、高效率和高柔性的计算机集成制造系统。

FMC 主要分为以下三大子系统。

1. 加工子系统

加工子系统的功能是以任意顺序自动加工各种工件,并能自动更换工件和刀具,通常由若干台对工件进行加工的 CNC 机床构成,每台机床带有刀库,可以自动换刀,但机床刀库中的刀具数量有上限。在车间层面上有刀具管理系统,可以对车间的中央刀库和 FMC 的机床刀库进行统一管理和控制。

2. 物料储运子系统

物料储运子系统一般由工件装卸站、托盘缓冲站、物料运送装置和自动化仓库等组成,主要用来执行工件、托盘以及其他辅助物料的装卸、运输和储存等工作。

3. 控制子系统

控制子系统是 FMC 的核心,它贯穿于系统的各个方面和各个层级,控制和指挥系统的各个环节(如加工中心、物流系统、缓冲站、操作人员等)协调一致地按作业计划运行以获取最佳运行效果。

由于检测环境与生产环境还存在差异,许多 FMC 中未加入产品自动检测环节。机床自带的在线检测只是作为一个辅助的功能,用于矫正坐标系以及整个加工过程的精度补偿。

另外,FMC 可与企业内部的其他系统(如企业级的 CAX/PLM 系统、ERP 系统,工厂级的 MES 系统、APS 系统等)实现无缝连接。

图 1.4 所示是由上海大学上海市智能制造及机器人重点实验室携手上海发那科机器人有限公司、罗克韦尔自动化(中国)有限公司、思科(中国)有限公司、上海 ABB 工程有限公司、中科新松有限公司、卡尔蔡司(上海)管理有限公司共同建设的面向汽车零部件制造的柔

图 1.4 上海市智能制造及机器人重点实验室的柔性制造单元

性制造单元(也称柔性制造生产线)。该单元由 AGV 物流系统(如图 1.5 所示)、立体仓库、搬运机器人、数控机床、三坐标测量仪(如图 1.6 所示)和单元控制系统等组成。在控制系统的控制与协调下,AGV 小车自动运输物料,线首的机器人通过三维(3D)视觉进行拆垛,线间的桁架机器人(如图 1.7 所示)进行上、下料,数控机床进行自动加工以及测量仪对成品进行质量检测,线尾的机器人通过二维(2D)视觉进行堆垛。

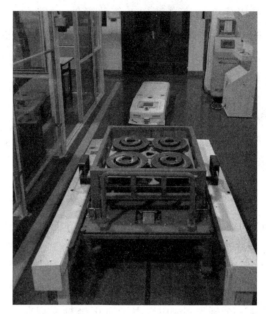

图 1.5　上海市智能制造及机器人重点实验室的 AGV

图 1.6　上海市智能制造及机器人重点实验室的三坐标测量仪

　　有关资料表明,机械制造过程中 95% 的时间消耗在非切削过程中,而在 5% 的加工时间中,切削时间只占 30%,辅助时间(排队、安装、调整、卸载、等待等时间)占了 70%。因此,只有对 FMC 进行全面有效的决策、控制与管理,才能极大地提高系统的柔性,才能最终实现"多快好省"的终极优化目标。由此可见,FMC 的整体性能的优劣,除了受人(人员)、机(设备及其布局)、料(物料)、法(加工工艺)、测(检测)、环(环境)等因素的影响外,在很大程度上

图 1.7　上海市智能制造及机器人重点实验室的桁架机器人

还取决于单元控制系统性能的优劣。FMC 控制系统的整体性能是由体系结构、建模方法、智能程度、实现方法等方面综合决定的。

1.2　离散事件动态系统

随着生产的发展,生产工具、生产设备、产品与工程结构均变得越来越复杂,这种复杂性主要表现在其内部各组成部分之间,同时它们与外界环境之间的联系也变得越来越密切,以至于其中某部分的一些变化可能会引起连串的响应而波及全局,即所谓"牵一发而动全身"。在这种情况下,孤立地研究各个部分已不能满足要求,而必须将有关的部分联系起来,作为一个有机的整体加以认识、分析和处理。这个有机的整体就被称为"系统"。

"系统"就是由相互联系、相互作用的若干部分构成的,而且是具有一定的目的、功能和行为(一定的运动规律)的一个整体。其实在自然界、社会或工程中,存在着各式各样的系统,任何一个系统莫不处于同外界(即同其他系统)的相互联系之中,也莫不处于运动变化之中。

组成系统的各个部分可以是元件,也可以是下一级的系统,后者称为"子系统",而整个系统又可以是上一层系统的子系统。必须注意,一个系统的特性并不能看成是组成它的元件或子系统的特性的简单总和。比起元件或子系统的特性来,系统特性要复杂得多,丰富得多。要了解一个系统,不仅需要知道组成它的各个部分,而且必须了解各部分之间的关系以及它们所组成的系统。例如,制造系统是由制造资源(物质、能源、信息、组织等)这样的单元构成的,这些制造资源通过设施布局、生产工艺流程以及生产调度计划等相互依存、相互制约(制造资源之间的约束条件),以实现生产特定的产品或提供特定的服务这样的系统功能。

综上所述,系统是由系统的输入、系统的输出以及系统的特性(即系统的状态、系统的结构与参数)组成的,如图 1.8 所示。其中,系统的状态是指系统的动态状况,即系统在某时刻的性能。具体来说,系统在某一时刻 t_0 的状态是在系统输入已知的条件下,唯一确定所有 $t \geqslant t_0$ 时刻上系统输出所需的系统信息。

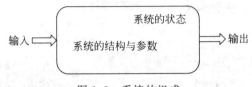

图 1.8 系统的组成

根据系统状态转移是一直在发生,还是仅仅发生在离散的时间点上,可将系统分为连续变量动态系统(continuous variable dynamic system,CVDS)和离散事件动态系统(discrete event dynamic system,DEDS)。

连续变量动态系统必须满足两个关键特征:系统状态必须是连续的,该特征表明系统状态应为连续变量,如位置、速度、加速度、温度、流量等物理量都属于连续变量;状态转移必须是时间驱动的,该特征表明系统状态随着时间而变化,因此,时间变量是这类系统的自变量。

与连续变量动态系统相对应的离散事件动态系统具有两个特征:状态空间是离散的;状态转移是事件驱动的。

离散事件动态系统的状态仅仅在某些时间点上通过瞬间状态转移而变化,每一转移与一事件相关联。

根据上述特征,给出离散事件动态系统的非正规定义如下。

离散事件动态系统是离散状态、事件驱动的系统,即其状态转移完全依赖于异步离散事件在时间域上的发生。

柔性制造是一种典型的复杂离散事件动态系统,它给柔性制造系统的设计、控制与分析带来巨大的挑战。

为了设计、分析和控制系统,首先必须要建立系统的模型,以便能定量描述系统。对于连续变量动态系统,其静态模型一般用代数方程来描述,而其动态模型则需要以微分方程或微分方程的离散形式——差分方程来描述。对于离散事件动态系统,目前主要的建模理论与方法如下。

1. 自动机/形式语言方法

自动机/形式语言方法是由 Ramadge 和 Wonham 开创的研究离散事件动态系统的一种建模方法,其核心是基于自动机/形式语言的离散事件动态系统监控理论,着重于研究离散事件动态系统在逻辑层次上的建模与控制问题。其基本特点是,采用自动机分别作为被控对象、监控器和闭环离散事件过程的逻辑层次模型,采用形式语言作为分析系统行为和综合监控器的基本工具。

相对而言,基于自动机/形式语言的离散事件动态系统的建模方法,在处理标准逻辑规范范围内的监控问题上已经形成了较为系统和完善的理论与方法,但在处理实时、并发等更为复杂的规范范围内的监控方面则还有待于改进和成熟。

2. 极大代数法

极大代数法（又称为极大极小代数法）是离散事件动态系统的一个常见的建模与分析方法。该方法所建立的离散事件动态系统的时间化线性模型与连续变量动态系统的线性离散状态方程类似。在极大代数法中，引入两种基本运算："加"与"乘"，但它们与一般代数中的加与乘不同，因此，它们被表示为"$\oplus$"与"$\otimes$"，以示与一般的"$+$"与"$\times$"有区别。此两种运算定义为

$$加法：a \oplus b = \max\{a, b\}$$
$$乘法：a \otimes b = a + b$$

根据上述基本运算，采用极大代数法的离散事件动态系统的时间化状态方程为

$$X(k+1) = A \otimes X(k) \oplus B \otimes U(k) \tag{1.1}$$

与连续变量动态系统的状态方程相比，采用该方程可以按极大代数法确定系统矩阵的周期特性，计算其特征值，因此，该方法是描述离散事件动态系统的一个非常有用的工具。该方法的显著特点是线性特征，但是，该方法对于复杂庞大的制造系统来说，显得就不方便了。

极大代数法已用于制造过程的分析与优化、多产品批量建模与控制问题求解、物料搬运系统动态特性建模与分析，以及生产调度与计划等方面。

3. 排队网络方法

排队网络方法在离散事件动态系统的建模和分析方法中，是形成较早和应用较多的一种方法。排队论（queuing theory）就是通过对服务对象到来及服务时间的统计研究，得出这些数量指标（等待时间、排队长度、忙期长短等）的统计规律，然后根据这些规律来改进服务系统的结构或重新组织被服务对象，使得服务系统既能满足服务对象的需要，又能使机构的费用最经济或某些指标最优。

排队网络方法的优势是能够考虑系统中的各种随机因素，并能较为细致地描述系统内部的各种复杂关系。基于排队网络模型，易于从概率和统计的角度分析和优化离散事件动态系统的过程性能。但其也有一定的局限性，主要表现在对所研究的排队系统引入的假设条件过强，这大大限制了它的应用范围；另外，对系统参数的随机性假设通常也和实际情况具有较大的距离；最后，排队网络方法一般只能用在描述系统的稳态特性和分析系统的平均性能，这对理论研究和某些工程应用同样是一个主要的局限性。

4. 摄动分析方法

摄动分析方法是 1979 年由何毓琦（Y. C. Ho）等提出并发展起来的，它是计算机仿真和排队论分析相结合的一种混合型方法。它以一次计算机仿真的数据为基础，可有效地克服在离散事件动态系统计算机仿真中需要进行多次重复仿真而导致的大量仿真机时的问题。但该方法现在也存在一定的不足之处：一是对相当多的实际问题，确定性相似性条件往往难以满足；二是在随机排队系统的优化分析中，更有意义的是均值性能的梯度而不是样本性能梯度的均值。

5. Petri 网

Petri 网最早是由德国的 Carl Adam Petri 于 1962 年在其博士论文中提出的,用来描述计算机系统事件的因果关系。经过近 60 年的不断发展和完善,Petri 网已经发展成为具有非常严密的数学基础、层次化的系统建模工具,是一种以图形化形式研究系统组织结构和动态特性的理论,尤其适合于对异步并发系统的建模和分析。Petri 网已广泛地应用在计算机科学以及自动控制工程、通信、交通、电力与电子、服务以及制造等领域中。

1.3　人工智能综述

1.3.1　人工智能简史

当前人工智能异常火热,但事实上人工智能并不是一个新的研究领域。20 世纪 50 年代,人类就开始探索如何创建可以思考的机器,也是从那时候起,AI 领域的研究和发展之路产生了分歧,即符号主义(symbolism)AI 和连接主义(connectionism)AI。

符号主义 AI 又称为逻辑主义(logicism)、心理学派(psychlogism)、计算机学派(computerism)或基于规则的 AI,其基本思想是将世界上的所有逻辑和知识转换为计算机编码,强调"知识"对智能的作用。在符号主义 AI 中,每个问题可以拆分为一系列的"if-else"规则或其他形式的高级软件结构。

连接主义 AI 体现在机器学习和深度学习中,其基本思想是人工智能系统需要具备自己获取知识的能力,即从原始数据中提取模式的能力,强调"数据"对智能的作用,提出让数据说话。

人工智能发展早期,符号主义 AI 占据主要地位。符号主义 AI 的研究经历了两个时期。20 世纪 50 年代至 70 年代初,符号化人工智能研究处于"演绎推理期"。那时的人们认为只要能赋予机器演绎推理的能力,机器就能具有智能。但是,事实证明情况并非如此。随着研究的深入,研究人员意识到机器仅有逻辑推理还远远实现不了人工智能。要想使机器具有智能,就必须使机器具有知识。因此,从 20 世纪 70 年代中期至 80 年代,符号化人工智能研究进入"知识期"。在这一时期,大量专家系统问世。专家系统可以简单理解为"知识(经验)+推理",它是一种由人类给计算机形式化地硬编码(hard-code)知识的程序系统。"知识处理"成为当时主流人工智能研究的热点。但是,过于结构化并且缺乏灵活性的人工硬编码的知识很难准确地描述纷繁复杂而又变化多端的现实世界,人们需要新的方法。

依靠人工硬编码的形式化知识体系所面临的困难表明,人工智能系统需要具备自己获取知识的能力,即从原始数据中提取模式的能力。这种能力称为机器学习(machine learning,ML)。

机器学习弥补了结构化逻辑的不足,可顺利地解决真实世界的复杂性和不确定性问题。这种方式并不需要、也不可能将有关现实世界的所有知识"硬编码"至一系列严格的逻辑公式中,而是可以教计算机自行学习所需的知识。

经典的机器学习算法性能在很大程度上依赖于人工从给定的数据中提取合适的特征集。例如,当使用传统机器学习算法判断病人是否适合做手术时,首先,医生需要从数据中人工提取出一些相关特征;然后,传统机器学习算法学习病人的这些病理特征与各种结果之间的关系。如果将病人的核磁共振(MRI)、CT等像素图像作为机器学习算法的输入,它将无法做出有用的判断和预测。

但是,人工寻找完美的特征集是一个复杂的过程,它不仅需要问题所在领域的先验知识(prior knowledge),而且需要有经验的研究人员花费大量的人力、物力和时间,甚至需要投入数年的时间。因此,人工特征工程的局限性显著地阻碍了机器学习技术走向工程实践。

当下,人工智能为何又变成当今最热门的技术领域? 人工智能当前的热潮可追溯到2012年的ILSVRC(ImageNet large scale visual recognition challenge)在线竞赛。

ImageNet是一个在线数据库,包含数千万张图片,全部由人工标记。每年一度的ILSVRC竞赛旨在鼓励人工智能领域的研究人员比拼和衡量他们在计算机自动识别图像方面的进展。他们的系统首先使用一组被正确标记的图像进行训练;然后接受挑战,标记之前从未见过的测试图像。2010年,获胜的系统标记图像的准确率为72%(人类平均为95%)。2012年,多伦多大学教授杰夫里·辛顿(Geoffrey Hinton)领导的一支团队凭借一项名为"深度学习"(deep learning,DL)的新技术大幅提高了准确率,达到85%。后来在2015年的ILSVRC竞赛中,这项"深度学习"技术使准确率进一步提升至96%,首次超越人类。

深度学习是机器学习中的一种算法,隶属于人工神经网络体系。它是算法、算力和数据三方面共同努力水到渠成的结果。深度学习是利用深层神经网络来自动解决特征表达的一种学习过程。深层神经网络本身并不是一个全新的概念,可大致理解为隐藏层很多的一个神经网络结构。为了提高深层神经网络的训练效果,人们对神经元的连接方法、激活函数以及优化方法等方面做出相应的调整。其实有不少想法很多年前就曾有过,但由于那时的训练数据量不足、计算能力落后,因此当时的效果不尽如人意。

从本质上来讲,深度学习这项技术通过强大的计算能力和大量的训练数据,复兴了人工神经网络。算法、大数据和大计算这三者俨然成为人工智能复兴的必要条件。

综上所述,最近几年人工智能的"井喷"式发展主要得益于机器学习领域的推动,尤其是深度学习取得的突破。深度学习在很多非常有挑战性的AI问题上取得了长足的进展,包括语音识别、目标检测、自然语言处理、游戏等方面。深度学习使革命性的新技术成为可能。

但现在的人工神经网络并不代表AI的全部,因为人工神经网络需要依赖大量的数据,而且往往是经过标注的数据,如果数据量不足,人工神经网络模型就很难发挥自己的作用,因此在某些数据匮乏的领域,应用深层神经网络解决实际问题是非常困难的;同时,人工神经网络还存在可解释性差、面对对抗样本时鲁棒性差等问题;此外,在符号主义AI可以轻易解决的一些简单推理问题上,人工神经网络可能无能为力。因此,符号主义AI作为AI的一个分支同样需要关注。以知识工程为代表的符号主义AI和以深度学习为代表的连接主义AI两者相结合将会产生更加强大的人工智能,这是因为人就是依靠各种规则、规律或者知识去分析、推理与规划的。

人工智能分为弱人工智能和强人工智能。前者让机器具备观察和感知的能力,可以做到一定程度的理解和推理,专注于完成"特定"的任务,目前的科研都集中在弱人工智能这部分,并很有希望在不久的将来取得一些突破;而强人工智能期待让机器获得自适应能力,解决一些之前没有遇到过的问题,电影里的人工智能多半都是在描绘强人工智能,而这部分在目前的现实世界里是难以真正实现的。我们离实现真正的人工智能还有很长很长的路要走。

人工智能技术发展的方向应当是增强人的技能,帮助人类提高效率,而非替代人。

1.3.2　人工智能的研究领域

人工智能是当今的热议行业,人工智能涵盖的领域很广,除了机器学习外,还包括知识工程等。

1. 机器学习

海量数据不可能靠人工一个个处理,只能依靠计算机批量处理。最初的做法是人为设定好一些形式化的规则,由机器来执行。比如明确指定计算机给男性、30 岁的用户推送汽车广告。很明显,如此粗略的规则不会有好的效果,因为对人群的定位不够精确。要提高精度必须增加对用户的特征描述,但人工提取特征是一个复杂而耗时的过程。即使定下了规则,也无法根据实际情况灵活变化,很难适应现实世界的复杂性和不确定性。

机器学习可以很好地解决上述问题,它在一定程度上赋予了计算机自己"学习"知识的能力。关于学习,1997 年 Mitchell 提供了一个简洁的定义:"对于某类任务 T 和性能度量 P,一个计算机程序被认为可以从经验 E 中学习是指,通过经验 E 改进后,它在任务 T 上由性能度量 P 衡量的性能有所提升"。人工智能大师西蒙曾说过:"学习就是系统在不断重复的工作中对本身能力的增强或者改进,使得系统在下一次执行同样任务或类似任务时,会比现在做得更好或效率更高"。

机器学习是计算机从大量数据中学习某种模型,并应用该模型对数据进行预测和分析。学得的模型对应关于数据的某种潜在的规律,因此也称"假设"(hypothesis),而这种潜在规律自身,则称为"真相"(ground truth)。机器学习算法是在可能的假设空间中寻找一个表现优良的假设,该假设即使在训练集之外的新样本上也能适用。

归纳(induction)与演绎(deduction)是推理的两大基本手段。前者是从特殊到一般的"泛化"(generalization)过程,即从具体的事实归纳出一般规律;后者则是从一般到特殊的"特化"(specialization)过程,即从基本原理推演出具体结果。机器学习显然是一个归纳和推理的过程。

机器学习的目标是使学得的模型能在整个样本空间上都工作得很好,而不是仅仅在训练样本(训练集通常仅是从整个样本空间中使用独立且同分布的方法随机采样的一个很小的子集)上工作得很好,也就是说,学得的模型要具有良好的"泛化"能力。训练样本越多,得到的关于样本空间的信息就越多,这样就越有可能通过学习获得具有强泛化能力的模型。从真实世界的实例中学习,数据量越大,机器学习的性能就越好,即铁律:好的数据远胜于花哨的算法。

机器学习主要有以下三种学习类型。

1) 监督学习(supervised learning)

顾名思义,监督学习是在"人类监督"下学习。在监督学习中,训练数据集中的每个样本都包含一个输入对象(通常为矢量)和一个期望的输出值,期望的输出值也称为标签(labels),即监督信号,标签是人工设定好的。监督学习主要解决回归分析和统计分类两大类学习问题。

回归(regression)是一种用于连续型数值变量建模和预测的学习算法。分类(classification)是一种用于离散型数值变量建模及预测的学习算法。

典型的监督学习算法有决策树、朴素贝叶斯、支持向量机(SVM)、逻辑回归、线性回归、多项式回归、岭回归、人工神经网络和集成学习方法(如 Stacking、Bagging 和 Boosting)等。

2) 无监督学习(unsupervised learning)

在无监督学习中,训练数据集中的每个样本没有对应的标签,因此,无监督学习算法尝试识别输入数据之间的相似性,以便将具有共同点的输入数据归类在一起。

无监督学习主要解决聚类(clustering)、降维(dimension reduction)和关联规则挖掘等问题。聚类是基于数据内部结构来寻找样本的自然"簇"群(集群)的学习任务,这些"簇"是人们事先不知道的,或者说聚类是一种没有预先定义类的分类。降维是将特定的、具体的特征组合成更高级、更抽象的特征,以缓解"维数灾难"所带来的问题。关联规则挖掘就是借助数据挖掘技术,从数据库中的大量数据项集之间发现有趣的关联或有价值的相关联系。

典型的无监督学习算法有 K 均值聚类、AP 聚类、层次聚类、DBSCAN(基于密度的聚类)、PCA(主成分分析)、SVD(奇异值分解)、LDA(线性判别分析)、频繁模式挖掘算法(Apriori 算法、FP-growth 算法和 Euclat 算法)等。

3) 强化学习(reinforcement learning)

强化学习又称为增强学习,用于描述和解决智能体(agent)在与环境的交互过程中通过学习策略以达成回报最大化或实现特定目标的问题。从某一角度上来看,强化学习可以理解为"实践出真知"。

不同于监督学习和非监督学习,强化学习不要求预先给定任何数据,而是智能体以"试错"的方式进行学习,通过与环境进行交互,获得奖惩信息以指导行动,目标是使智能体获得最大的奖赏。

强化学习把学习看作试探评价过程,智能体选择一个动作用于环境,环境接受该动作后状态发生变化,同时产生一个强化信号(奖励或惩罚)反馈给智能体,智能体根据强化信号和环境当前状态再选择下一个动作,选择的原则是使受到正强化(奖励)的概率增大。选择的动作不仅影响立即强化值,而且影响环境下一时刻的状态及最终的强化值。通过这种方式,智能体在行动—评价的环境中获得知识,改进行动方案以适应环境。

典型的强化学习有 Q-Learning 算法、DQN 算法和 A3C 算法等。

自 20 世纪 50 年代以来,作为人工智能子领域的机器学习已经开始革新若干个领域,而诞生于机器学习中的深度学习实现了迄今为止最大的原创性突破。目前,深度学习几乎在各个应用领域都有应用,因此,深度学习算法有时也被称为通用学习方法。

2. 知识工程

现在很多统计机器学习算法都倡导一切从数据出发,从零开始学习。但纵观历史和人类社会的进步,尤其是科学技术的进步,大多是站在前人总结的知识的基础上,一步步地发展起来的。这激发了人们去想象为什么不能直接给机器传授知识而一定要让机器在数据中从头学起呢?这样的话,知识工程就变得十分重要,它可以让机器直接读取已有的知识,并在此基础上进行新的学习,也就是让机器站在巨人的肩膀上进步。

知识工程自 20 世纪 60 年代从语义网络发展起来以后,分别经历了 80 年代的专家系统、90 年代的贝叶斯网络、21 世纪初的 OWL 和语义 WEB,以及 2010 年以后的计算知识。

知识是什么?抽象地说,是人类对世界的认知,对宏观及微观世界客观规律的总结。举例来说,大到牛顿三定律,小到天空的颜色,都是我们所掌握的知识。如果这些人类掌握的知识被表示成计算机可以读取并计算的形式,那就是计算机科学领域研究的计算知识了。

常见的计算知识类型如下。

(1) 知识图谱是最常见的计算知识,它是由实体和关系构成的一个很大的图结构。

(2) 问答知识库是将大量的常见问题和对应的答案放在一起所构成的一类计算知识。

(3) 机器学习模型也是一类计算知识。因为每个机器学习模型都会有定义好的输入和输出,它被训练好后已经是对数据或人类经验的拟合。虽然很多情况下模型无法直观地解释,但它其实已经是机器学习到的知识了。

(4) 在具体应用中,各种类型的计算知识还可以通过不同方式组合在一起使用,研究者将其称为广义知识图谱。

在知识工程领域中,现今主要研究的内容是:如何从数据中提取出需要的知识;得到知识以后,怎样才能把获取的知识表示成计算机可以计算的形式;以及接下来,由于知识的来源很多,怎样把不同来源、不同表示的知识融合在一起;然后在基于知识进行计算的过程中,如何让机器像人一样利用知识进行理性的推理,或者做感性的决策或预测。

1.4　FMC 智能控制系统综述

1.4.1　FMC 智能控制系统的被控对象

要设计一个控制性能良好的控制系统,首先要了解和掌握被控对象的特性。FMC 智能控制系统的被控对象是柔性制造单元的制造过程。

用过程观点来描述制造系统,把制造系统看成一系列制造过程的集合,即制造系统的组成元素是制造过程,制造系统的本质是制造过程。通过制造过程将制造系统中的人/组织、数据、技术、设施、物料等制造资源有机地集成起来。制造过程可以看作是需、产、供过程(包括企业内部过程和与其相关的外部活动),需、产、供过程中活动间的关系是某种供需模式的供需关系。这些活动按照一系列供需关系联系起来,在特定的控制规则的指导和控制下,在制造资源的支持下,完成特定功能。图 1.9 描述了制造过程、活动及状态、控制规则、制造资源之间的关系。

制造过程中的控制规则实质上就是控制理念、控制模式、组织机制、控制策略以及控制工具和手段的有机组合。

制造过程中的活动是指制造过程内部和与其相关的外部的各个功能单元。制造过程模

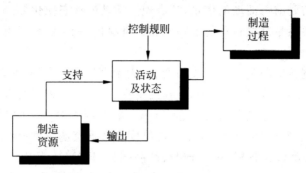

图 1.9　制造过程、活动、控制规则、制造资源之间的关系

型的核心是活动。每个相对独立的活动在业务功能的控制和管理下相互协作，并相对独立地变换或操作有限能力的制造资源，产生输出（产品或服务），实现某种功能。活动具有动态性，其行为表现为在其生命周期中的不同时刻的一系列不同状态。

如图 1.10 所示，制造过程中的活动模型包括四个基本要素：状态（state）、控制（controlling）、资源（resource）和机制（mechanism）。其中，控制就是使用业务规则对相关的活动和活动之间的关系进行协调和管理；机制就是活动为实现其自身的业务功能而进行的一系列的操作，它们视具体活动功能而定；对于制造过程中的任何一个活动来说，它总是处于某种状态之中，当成功地执行了一系列的操作后，该活动从一种状态转变为另一种状态，不同的操作对应于活动的不同状态；每个活动都必须在获得所需的资源之后才能执行一系列操作。

如图 1.11 所示，活动与活动之间的形式关系可以归纳为如下三种形式。

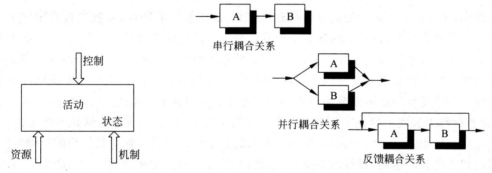

图 1.10　制造过程中的活动模型　　　图 1.11　制造过程活动与活动之间的形式关系

1. 串行耦合关系

它是一种活动间只存在单向的约束依赖关系的作用方式。

2. 并行耦合关系

它是一种活动间无信息交互，活动可相对独立进行的作用方式。

3. 反馈耦合关系

它是一种活动间存在双向的信息交互的作用方式，即一个活动需要另一个活动的信息，同时另一个活动也需要前一活动的信息,其表现为活动的状态变化要经过多次迭代和反复。活动间的反馈耦合关系是制造过程的最基本和最常见的一种关系,它增加了制造过程的复杂性。

制造过程中的制造资源是一个广义的概念,表示资源和组织的抽象/一般化,具体可以包含原材料、中间产品、产成品、工作中心、辅助工具、所需的各种信息资源、组织机构和人力资源(如企业内部员工、供应商、分销商、客户)等。本书将一般意义的制造资源分为四个维度,即产品资源维度、经济资源维度、组织资源维度和数据资源维度,详细描述如下。

(1) 产品资源维度包含物料(material)、产品结构(BOM)、工艺路线(routing)、工作中心(work center)、技术文档(document)、生产辅助资源(如运输设备、车间、仓库、能源)等资源,它主要由产品结构树模型、配置和版本等组成,是产品信息的综合表现。

(2) 经济资源维度包含财务管理方面的资源和成本控制方面的资源。

(3) 组织资源维度包含参与产品制造全过程中的组织架构(organization structure)、组织单元(organization unit)、人员(people)、角色(role)以及权限(authorization)等资源。

(4) 数据资源维度包含关于制造过程中的人、财、物等静态主数据(master data)以及各种报表、状态数据等动态事务数据(transaction data)。

1.4.2　FMC 控制系统面临的挑战

FMC 控制系统所面临的挑战主要体现在以下几个方面。

1. 被控对象自身的复杂性

首先,柔性制造单元的制造过程具有规模大、结构复杂的特性,如制造过程中的子系统和活动环节种类繁多,且具有纵向的层次特性和横向的地域分布特性,并且这些子系统和活动环节之间通过各种形式连接起来,形成复杂的系统结构。因此,柔性制造单元的制造过程的动力学模型常常呈现出高度的非线性、强噪声干扰性、时变性、突变性等不确定性和复杂性特征。不确定性问题可以分为两大类:一是客观不确定性,如制造过程中的质量不确定性,设备运行中表现出的性能不确定性等;二是主观不确定性,或称为认识不确定性,主要指制造过程中原本是确定性问题,但是因为未能数字化而导致人们对其认识的不确定性,如制造过程中的各种活动、过程的安排,本来是确定性的,但因为涉及的人、事、物太多,且发生时间各异,若无特殊手段,于人的认识而言是纷乱如麻的。

其次,柔性制造单元的制造过程具有两个基本特征:状态空间是离散的;状态转移是事件驱动的。因此,被控对象是典型的离散事件动态系统,不能像连续变量动态系统那样采用传统的微分方程或差分方程建立精确的解析数学模型。

最后,柔性制造单元的制造过程具有复杂的信息结构,如很多数据诸如图像和声音等为复杂的多维信号。

2. 被控对象所处环境的复杂性

柔性制造单元的制造过程所面临的环境也是不断变化、不可预测的,本质上是一种混沌的环境、湍流的环境。环境的复杂性表现为环境的时变性、随机性、不确定性和不可预知性。

3. 控制目标的复杂性

FMC控制系统的控制目标是高效(效率与效益)、优质、低耗、准时,以满足个性化、多样化、服务化的市场需求。因此,其控制目标的复杂性呈现为综合性、多重性、时变性,且具有较高的层次性,并且大多数为定性描述。

上述挑战给FMC控制系统带来了新的问题,提出了更高的要求,即要求控制系统能在不确定、不完整的环境下充分理解目标和感知环境;要求控制系统在复杂多变的环境下,要有较强的学习和自适应能力,要有机动灵活性和适应性;要能够在无外在指挥与干预下,自主地做出合理有效的决策和适当的反应,以实现高度综合和抽象的控制目标。

显然,基于精确数学模型的传统控制难以解决上述复杂被控对象的控制问题。诞生于20世纪50年代的人工智能理论和方法给传统的控制理论以新的启迪,同时计算机技术和信息技术的迅猛发展,也给人工智能理论和技术提供了强有力的工具支撑。随着社会的发展,控制对象越来越复杂,控制目标越来越综合抽象,面对这些新的挑战,控制理论与人工智能理论相结合产生的智能控制理论与技术便应运而生。

自20世纪60年代提出智能控制这一新名词以来,智能控制一直是当代控制科学中一个十分活跃并具有挑战性的前沿领域。智能控制是在人工智能、自动控制等多学科基础上发展起来的新兴学科,它通过拟人智能的方式,解决那些用传统控制难以解决的具有不确定性和复杂性的被控系统的控制问题。

智能控制系统具有以下一些特性。

(1)智能控制系统具有分层递阶的组织架构。

(2)智能控制系统具有多模态的控制方式,如开闭环控制相结合、定性决策与定量控制相结合、数学模型与非数学模型相结合等。

(3)智能控制系统具有学习的能力,即对于某类任务和性能度量,一个智能控制系统通过经验改进后,它在后续任务上的性能不断得到提升。

经典控制理论和现代控制理论统称为传统控制。传统控制和智能控制既有区别,又有密切关系。

传统控制系统中,控制任务或者是要求输出量为定值,或者是要求输出量跟随期望的运动轨迹,因此控制任务比较单一。而对于智能控制系统,其控制目标往往比较复杂,目标复杂性常常表现为综合性、多样性、层次性和定性描述。

传统控制是基于精确的解析型数学模型的控制方式,传统控制多适应于可用精确解析数学模型描述的相对简单的线性定常系统,然而,大多数复杂被控对象是很难建立精确数学模型的。为了控制,整个控制系统不得不置于解析数学模型框架下,因而控制系统缺乏灵活性和应变性,很难胜任对复杂被控对象的控制任务。智能控制是基于数据驱动和知识驱动的具有自学习能力的控制方式,能够采用灵活机动的智能决策方式解决那些传统控制不能解决的具有不确定性、高度非线性和复杂性的控制问题,例如,智能机器人系统、复杂的工业过程计算机控制系统(如柔性制造系统)、航天航空控制系统、交通运输系统、环保能源系统、社会经济管理系统等。

智能控制是对多种学科、多种技术和方法的高度综合集成,是对传统控制的扩充和发展。传统控制是智能控制的重要组成部分,传统控制和智能控制可以统一在智能控制的框架下，而不是被智能控制所取代。传统控制和智能控制是控制理论和技术发展的不同阶段，智能控制是控制理论发展的高级阶段。

1.4.3　FMC 智能控制系统的特点

FMC 智能控制系统具有以下几个基本特点。

1. 数字化

数字化是指将模拟量转化为用 0 和 1 表示的数字量。数字资源是智能控制系统的核心要素和关键战略资产，是智能控制系统产生智慧的源泉。

物联网、云计算、人工智能等新兴技术的应用，实现了对数字资源的全方位、全过程和全领域的持续采集、海量汇聚、深度分析、自主学习，使数字资源的价值被充分发掘出来。数字化使得对制造系统的控制朝着更加高效率、高质量、低能耗和更加柔性化、智能化的方向发展。

2. 网络化

著名控制论创始人维纳的《控制论》一书中的副标题为"关于在动物和机器中控制与通信的科学"，这表明作者认为控制与通信网络是控制论的主题，两者之间是相辅相成、相生相伴的。

随着计算机技术、通信技术和网络技术的不断发展，传统的工业控制领域在体系架构、控制方法等方面正经历着一场前所未有的变革，开始向网络化方向发展。控制系统的体系架构从最初的 CCS（计算机集中控制系统），到第二代的 DCS（分散控制系统），发展到现在流行的 FCS（现场总线控制系统）。对诸如图像、语音信号等大数据量、高速率传输的要求，又催生了工业以太网与控制系统的结合。这种工业控制系统网络化浪潮又将诸如嵌入式技术、多标准工业控制网络互联技术、无线通信技术等多种当今流行技术融合进来，从而拓展了工业控制领域的发展空间，带来新的发展机遇。

将现场总线、工业以太网、工业物联网、嵌入式技术和无线通信技术（如 5G 技术）融合到工业控制系统中，在保证控制系统原有的稳定性、实时性等要求的同时，又增强了系统的开放性和互操作性，提高了系统对不同环境的适应性。

工业控制系统网络化不仅是工业大数据采集与传递的基础，同时也是实现数据汇聚、智能决策、精准执行的载体。21 世纪的工业控制系统将是网络与控制相结合的系统。

3. 智能化

数字资源的战略意义不仅在于掌握庞大的数据信息，更在于对这些含有意义的数字资源进行专业化处理。换言之，如果把数字资源比作一种产业，那么这种产业实现盈利的关键，在于提高对数字资源的"加工能力"，通过"加工"实现数字资源的"增值"。

这种实现数字资源增值的"加工"方法可以是基于知识驱动的方法，也可以是基于数据驱动的方法。当数据量非常大时，这些"加工"方法需要借助云平台来承载大数据，并利用云平台中的分布式计算单元来提高大数据的"加工"效率。大数据与云平台的关系就像一枚硬币的正反两面一样密不可分。人工智能离不开大数据,更是基于云平台来完成数据处理的。"加工"完成后还需要对知识进行可视化和应用。

总而言之,数字化、网络化和智能化三者之间,数字化是基础,提供基础数据;网络化起着数据上传下达的作用,解决数据的传输、汇集和过程的控制等问题;智能化是在数字化和网络化的基础上,解决大范畴的全局分析、决策与优化问题。

数字化、网络化和智能化使得FMC的控制系统实现从以"流程为中心"的事务处理方式上升为以"数字资源为核心"的战略性、全局性的智能决策方式的转变。

1.4.4 FMC智能控制系统的组成

对于像柔性制造单元这样规模大且复杂的离散事件动态系统,单一的直接智能控制器难以承担整个系统中的全方位(人/组织、业务流程和技术三个基本维度)、全要素(人员、设备、物料、方法、测量和环境)的综合协调控制。由 G. N. 萨里迪斯(G. N. Saridis)提出的分层递阶智能控制(hierarchical intelligent control)系统架构非常适合对柔性制造系统、智能交通系统等大型的、复杂的被控系统进行管、监、控一体化的综合控制。

本书中的FMC智能控制系统架构自上而下分为决策级、过程级和基础级,按照"智能递增,精度递减"的原理,其层次越高,所体现的智能就越高。图1.12所示是FMC智能控制系统的组成。这一分层递阶智能控制系统的架构把定性的、抽象的工厂生产订单(输入)自顶向下变换为一个驱动底层设备运行的定量的、具体的、局部的、短期的物理操作序列;底层的执行状态(输出)实时地自底向上逐层反馈,为上层的动态分析、决策优化和控制执行奠定坚实的基础。实践、认识、再实践、再认识,这种形式循环往复以致无穷,而实践与认识的每一次循环的内容,都相对之前

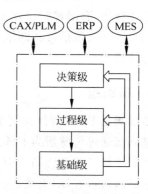

图1.12 FMC智能控制系统的组成

进入到了更高级的程度,从而实现高质量、快交付、低成本、高效率和高柔性的控制目标。

1. 决策级

FMC是一个复杂的离散事件动态系统,其复杂性主要表现为所处环境的随机性和自身的高度非线性、不确定性。传统的基于经典力学和运筹学的微观定量的处理方法,缺乏整体性、客观性、柔性和应变性,因此,很难适应快速多变的环境需求和FMC这一复杂系统的自身特性。

为了解决FMC的复杂性和不确定性的问题,实现系统与混沌环境的同步,FMC的控制系统被要求具有基于统计机器学习和符号逻辑推理的非精确模型的智能决策能力,应能提供从数据的采集、数据的存储、数据的学习到系统的决策、模型的优化、行动的规划、服务的提供等端到端的解决方案。

决策级是FMC控制系统的最高级,主要由人工智能起决策控制作用。决策控制的目的就是要对FMC控制系统进行智能赋能,辅助管理人员和专业人员对复杂多变的、高度非

线性的、不确定的 FMC 制造过程进行分析决策。基于人工智能分析和工业机理分析所获得的新的业务知识和规则,对单元的制造过程进行动态的、持续的优化和完善,以提升系统的柔性和灵活性,最终实现"多快好省"的终极优化目标。

2. 过程级

过程级的主要功能是对来自分析决策层的调度指令进行任务分解、资源分配,并基于实时采集的生产现场数据,对制造过程中的相关制造活动进行协调与控制。

不论上层架构如何进行智能分析和决策,到了设备执行层面,如果缺乏运动控制系统的精准、高效的执行,都将无法实现上层的"智能"目标,这就相当于战略虽美好,但却无法执行。

过程级实质上就是对柔性制造过程进行建模,通过所建模型对 FMC 的运行进行动态控制。柔性制造过程是一个典型的离散事件动态系统。对于离散事件动态系统的建模问题,基于所采用工具的不同,可以分为逻辑层面的建模方法、代数层面的建模方法和统计性能层面的建模方法。逻辑层面的建模方法包括有限自动机/形式语言方法、Petri 网方法等,用于研究以符号顺序关系为特性的问题的建模、分析和控制;代数层面的建模方法包括极大极小代数法、有限递归过程方法等,用于研究确定性时序化问题的建模和分析;统计性能层面的建模方法包括排队网络方法、摄动分析方法等,用于研究以不确定性为特征的问题的建模与分析。

3. 基础级

基础级是 FMC 智能控制系统的底层级。

基础级通过传感器为 FMC 制造过程中的各类资产增添(集成)了"五官",极大地增强了资产对环境的状态感知能力,加速实现物理空间的数字化。

基础级通过有线/无线、长/短距离网络通信技术将 FMC 制造过程中的各类资源,如人、设施、物料、控制器、传感器等,连接和管理起来,使人与人(human to human,H2H)之间、人与物(human to thing,H2T)之间、物与物(thing to thing,T2T)之间的互联互通变为可能,实现不同来源和不同结构的工业大数据的实时采集、传递和处理。

基础级中复杂多变的异构系统(如异构的设备、异构的网络、异构的控制系统和异构的软件系统等)使得应用软件之间、应用软件与现场设备之间的数据交换变得困难重重。如果基础层缺乏统一的、开放的数据交换标准,那么高大上的大数据、云计算、人工智能等技术将面临着"巧妇难为无米之炊"的窘境。因此,信息标准化是实现数字化、网络化和智能化的基础。

基础级利用新一代信息通信技术(ICT)和开放标准为 FMC 智能控制系统提供了充足的数据依据。这些数据大致分为以下三类基础数据。

(1) 主数据(master data),又称为静态数据,如物料、物料清单、工艺路线、技术文档、工作中心、工时、工厂日历、质量定义、会计账簿、成本计划等。

(2) 事务数据(transaction data),又称为动态数据,如生产订单、报工单、出入库单、各类生产报表、设备维护记录、设备运行数据、质量检验数据、会计凭证、会计报表、成本凭证等。

（3）组织数据（organizational data），如组织架构、组织单元，人力资源、角色与权限等。

基础级在FMC智能控制系统中起着极其重要而基础的作用，它具有基础性、公共性、标准性、安全性等本质属性，它主要包含信息流、物流、能源流等基础设施。

FMC智能控制系统的基础级、过程级和决策级实现了物理实体—数字空间—物理实体的逻辑闭环循环，打破了那道横亘在物理世界和数字世界之间的看不见、摸不着、越不过的"墙"。

1.5 本书的主要内容

本教材内容共分为6章。

第1章 绪论。首先，概要介绍柔性制造单元的研究背景及意义、离散事件动态系统的概念及建模方法、人工智能的发展简史及当前的研究热点；然后，概述FMC智能控制系统的被控对象、传统控制理论与技术面临的问题及挑战、智能控制系统的特点及组成。

第2章 FMC智能控制系统的体系结构。概述FMC智能控制系统的物理体系结构的发展历程和逻辑体系结构的总体框架及各功能组成。

工业控制系统的物理体系结构经历了从"集中式控制结构"到"分布式控制结构"到"现场总线式控制结构"再到"工业以太网控制结构"和"工业物联网控制结构"的发展历程。

FMC智能控制系统的逻辑体系结构的控制功能可以概括为"从数据获取洞察，由洞察驱动执行"。

第3章 基于Petri网的制造过程建模原理。详细阐述基于Petri网的建模原理和面向对象Petri网的建模原理。

第4章 FMC的过程控制。结合一个具体的FMC案例（该案例包含两台数控机床、一台机器人和一个简易的自动化立体仓库），详细阐述基于OOPN模型的FMC制造过程建模和性能分析的详细流程；然后，详细介绍FMC的过程控制系统的实现。

第5章 FMC的调度智能算法。首先，概要介绍有关车间调度的问题；其次，详细介绍FMC调度问题的模型与算法；最后，详细介绍基于遗传算法的单目标和多目标FMC调度智能算法。

第6章 深度学习技术。首先，详细阐述深度学习的外延与内涵、深度学习的发展历程以及深度学习模型的训练、评估与改进；其次，概述基于深度学习的计算机视觉技术及其在企业制造过程中的应用；最后，重点介绍目前性能最优且应用最广泛的"两阶段目标检测算法"和"一阶段目标检测算法"。

第2章

FMC智能控制系统的体系结构

2.1 工业控制系统的体系结构概述

工业控制系统的体系结构是一种在控制系统设计初期必须建立的十分重要的标准。工业控制系统体系结构的职能是将控制系统的感知、分析、决策与控制等功能分配到各个控制实体上,并确定这些控制实体之间的相互关系。工业控制系统的体系结构是通过控制系统的逻辑(软件)体系结构和物理(硬件)体系结构来实现的。

为了能适应纷繁复杂而又快速多变的环境,工业控制系统的体系结构必须具有开放性。所谓开放性,就是让控制系统的体系结构要素模块化,让各模块之间的接口标准化,并依据这些措施把结构要素自由地组合成一个有机整体。

工业控制系统体系结构开放的目的如下。

1. 突出子系统的特点

工业控制系统的体系结构不仅要考虑整体优化问题,而且还要着重考虑那些能体现系统特征的结构要素(即子系统)的自治性。

2. 长期应对环境与系统自身的复杂多变性

为了能快速应对环境和系统自身的不确定性和复杂性,工业控制系统的体系结构必须具有可扩展性、可重构性、可重用性和可配置性。

工业控制系统的体系结构经历了集中式、递阶式、分布式和递阶分布式等四种控制体系结构的变迁。如图 2.1 所示,图中矩形表示控制实体,圆形表示被控的物理对象,连线表示控制关系。

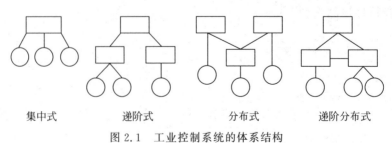

集中式　　　　递阶式　　　　分布式　　　　递阶分布式

图 2.1 工业控制系统的体系结构

1. 集中式控制结构

早期由于生产技术水平较低,市场环境稳定,产品品种单一,生产设备专用性强,生产过程控制相对简单,因此一般采用静态集中式控制结构,其特点是一台计算机完成控制系统的所有信息处理和决策控制功能,并对记录系统内各项活动的全局数据库进行维护。

集中式控制结构的缺点十分明显。

(1) 整个系统对中央控制计算机具有很强的依赖性,中央控制计算机的故障将会导致整个控制系统的瘫痪。

(2) 结构中各控制实体之间耦合紧密,控制结构完全刚性,无柔性策略,控制系统的扩充能力和适应能力都十分有限。

2. 递阶式控制结构

随着制造系统规模日益扩大化与复杂化,单一的集中式控制结构难以承担整个系统中的多组织、多设备和多流程的综合协调控制,因此,递阶式控制结构在制造系统中得到了高度重视和广泛应用。递阶式控制结构采用层次控制思想,将复杂的任务按照一定的功能层次分解为一系列简单的子任务,这些分布在不同层次上的控制实体(子任务)具有独立的控制功能,并可以运行在不同的计算机上,下一层次控制实体的活动受到上一层次控制实体的监视和协调。递阶式控制结构中上层向下层下达控制指令,下层执行上层的指令并向上层反馈状态信息。

递阶式控制结构的优点如下。

(1) 具有全局和长期的优化与控制能力。

(2) 不依赖一个中央控制装置,可靠性高,同时也便于控制系统的设计与维护。

(3) 具有很强的模块性,相对比较独立。

(4) 信息流形式清晰,控制信息自顶向下,反馈信息自下向上,各层的控制实体同时进行信息处理,可处理大量信息,满足实时控制需求。

递阶式控制结构的缺点如下。

(1) 递阶式控制结构中的控制层与控制层之间的关联性强。

(2) 系统决策层制订各类计划,指令信息自顶向下逐层下达,生产状态信息只能逐层向上反馈。这样,上层控制实体无法及时得到系统的运行状态信息,系统对新变化反应缓慢。

3. 分布式控制结构

在分布式控制结构中,所有的功能实体都是平等的、自治的,功能实体之间通过网络进行信息交换,在一定的控制机理下运行。它是一种扁平化的控制结构,即没有主从层次关系。

分布式控制结构的优点如下。

(1) 控制结构中各功能实体之间耦合趋向松弛,自治能力趋向增强,降低了控制系统的复杂性,并提高了控制系统的可靠性。

(2) 控制系统的自治和全面的合作特性,增强了系统的可重构性、可适应性和容错能力。

（3）由于采用模块化设计和可重构的结构，控制系统在结构上的修改、变更和扩充更易实现。

分布式控制结构的缺点如下。

（1）控制系统缺乏主从机制，功能实体之间的合作行为是完全建立在相互平等的基础上，因此，各功能实体只能在其自身掌握的局部信息的基础上，以协商和谈判方式为系统做出局部的、短期的决策，缺乏长远和全局的视野。

（2）系统特性在一定程度上呈现出混沌现象。

4. 递阶分布式控制结构

为了解决递阶式和分布式控制结构中存在的问题，国内外学者综合这两种控制结构的思想，提出了递阶分布式控制结构，该控制结构的特点如下。

（1）递阶分布式控制结构介于递阶式结构和分布式结构之间，既具有递阶式控制结构中的"主仆"关系，实现了系统的纵向集成，又具有平等协商的关系，实现了系统的横向集成。

（2）模块化、标准化技术使得控制结构中的各功能实体间的耦合松弛，自治能力强。

（3）控制系统对各功能实体实现全局优化控制。

2.2　工业控制系统物理体系结构

2.2.1　计算机集中控制系统

20世纪50年代末期，为了弥补常规模拟仪表功能单一和操作分散的不足，人们开始将计算机用于工业控制领域，产生了计算机集中控制系统，为工业控制开辟了一条新的途径。

计算机集中控制系统物理体系结构如图2.2所示。计算机首先通过模拟量输入通道（A/D）和开关量输入通道（DI）实时采集数据，然后按照一定的控制规律进行计算，最后输出控制信息，并通过模拟量输出通道（D/A）和开关量输出通道（DO）直接控制生产过程。计算机集中控制系统属于闭环控制系统。

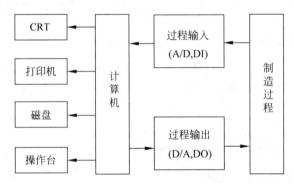

图2.2　计算机集中控制系统物理体系结构

虽然计算机集中控制系统取得了成功,但也暴露了它自身存在的致命弱点,即危险集中。因为它把生产现场的几十甚至上百的控制回路,以及上千变量的测量、计算、显示和操作都集中在一台计算机上,一旦计算机核心部分发生故障,轻者影响生产,重者毁坏设备。

人们分析比较了常规模拟仪表控制和计算机集中控制的优点与缺点之后,认为有必要吸取两者的优点,采用危险分散的设计思想,将控制部分分散,而将操作显示部分集中。随着生产规模不断扩大,生产工艺日趋复杂,对生产过程控制不断提出新的要求。为此,人们开始了新型控制系统的研究。20世纪70年代初期,大规模集成电路技术的发展,微型计算机的出现,其可靠性高,价格低廉。另外,CRT显示技术和数字通信技术的发展,这些都为新型控制系统的研究创造了条件。20世纪70年代中期,研究出以多台微型计算机为基础的新型工业控制系统,即分散控制系统(distributed control system,DCS)。

2.2.2　分散控制系统

分散控制系统又称为集散控制系统。它是一个由过程控制级与过程监控级组成的以通信网络为纽带的多级计算机控制系统,综合了计算机(computer)、通信(communication)、显示(CRT)和控制(control)4C技术,其基本思想是分散控制、集中操作、分级管理、组态灵活,它既可用于连续过程控制,也可用于离散过程控制(逻辑控制)。

虽然分散控制系统种类繁多,但系统物理体系结构基本相同,可用图2.3表示,它主要由以下四部分组成。

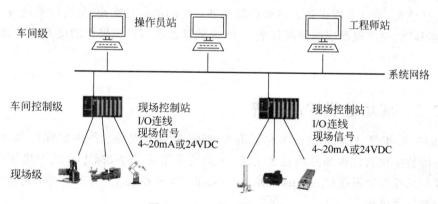

图2.3　DCS物理体系结构

1. 工程师站

工程师站的主要功能是对DCS进行应用组态。因为DCS是一个通用的控制系统,在其上可以实现各种各样的应用,关键是如何定义一个具体的系统,譬如,控制的输入、输出是什么,控制回路的算法是什么,控制计算中选取哪些参数,在系统中设置哪些人机界面来实现人对系统的管理与监控,还有诸如报警、报表、历史数据记录等方面的功能定义,这些都是组态要完成的任务。只有完成了正确的组态,一个通用的DCS才能成为一个针对具体控制问题的可运行系统。组态工作可离线进行,也可在线进行。

2. 操作员站

操作员站的功能主要是完成人机界面操作工作。一般采用桌面通用计算机系统,但一般都要求配备高分辨率、大屏幕的彩色显示器,有的系统还要求每台操作员站使用多台显示器,以拓宽操作员的观察范围。

3. 现场控制站

现场控制站是 DCS 的核心部分。主要完成连续控制功能、顺序控制功能、算术运算功能、报警检查功能、过程 I/O 功能、数据处理功能和通信功能等。

现场控制站硬件一般都采用工业控制计算机,其中除了计算机所必需的 CPU、存储器等外,还包括现场测量单元、执行单元的输入输出设备等。

4. 系统网络

系统网络是 DCS 的重要组成部分,它是连接系统各个站点的桥梁。由于 DCS 是由各种不同功能的站组成的,这些站之间必须实现有效的数据传输,以实现系统整体功能,因此,系统网络的实时性、可靠性和数据通信能力关系到整个系统的性能。特别是系统的通信协议,关系到网络通信的效率和系统功能的实现,因此系统网络通信协议都是由各个 DCS 厂家专门精心设计的。

DCS 尽管采用了一系列新技术,但生产现场层仍然采用常规模拟仪表。常规模拟仪表采用一对一连线的 4~20mA/24VDC 模拟信号传输,信息量有限,多台模拟仪表集中于一台现场控制单元,难以实现设备之间及系统与外界之间的信息交换,使自控系统成为工厂中的"信息孤岛"。生产现场层的模拟仪表与 DCS 的其他各层形成极大的反差和不协调,严重制约了 DCS 的发展。

2.2.3 现场总线控制系统

20 世纪 90 年代,现场总线技术有了重大突破,公布了现场总线的国际标准,同时生产出现场总线数字仪表。现场总线技术为 DCS 的变革带来希望,标志着新一代工业控制系统——现场总线控制系统(fieldbus control system,FCS)的诞生,图 2.4 所示是现场总线控制系统物理体系结构。

国际电工委员会 IEC 标准和现场总线基金会(fieldbus foundation,FF)将现场总线定义为:现场总线是连接智能现场设备和自动化系统的全数字式、全分散、双向传输、多分支结构的通信网络。它是一种工业数据总线,是自动化领域中的底层数据通信网络。FCS 采用计算机数字化通信技术,使控制系统与现场设备能够加入工厂信息网络,构成了企业的底层信息网络,使企业信息网络的覆盖范围一直延伸到生产现场。例如,利用现场总线技术,可使用一条通信电缆将智能化的、带有通信接口的现场设备连接起来,用数字化通信代替 4~20mA/24VDC 模拟信号,实现对现场设备的控制、监测等功能,用分散的虚拟控制站取代集中的控制站。

由于历史原因和各大公司基于各自的利益,目前尚没有一种 FCS 可以满足工控领域的

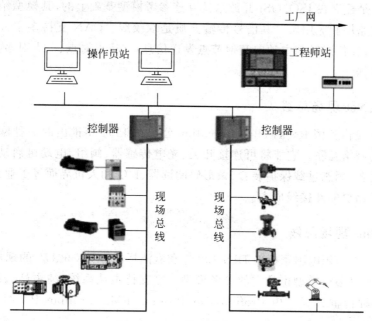

图 2.4　FCS 物理体系结构

所有要求,多种 FCS 标准和产品共存的局面已形成。目前世界上存在着 40 余种现场总线,这些现场总线大都用于过程自动化、加工制造、交通运输、医药、国防、航天、农业和楼宇等领域。主要的现场总线技术国际标准如下。

1. 基金会现场总线

基金会现场总线以 ISO/OSI 开放系统互连参考模型为基础,取其物理层、数据链路层、应用层为现场总线基金会通信模型的相应层次,并在应用层上增加了用户层。用户层主要针对自动化测控应用的需要,定义了信息存取的统一规则,采用设备描述语言规定了通用的功能块集。基金会现场总线包括低速 H1 和高速 H2 两种通信速率。

2. HART 现场总线

HART 现场总线(highway addressable remote transducer)是最早由美国 Rosement 公司于 1985 年推出的一种用于现场智能仪表和控制室设备之间双向通信的协议规程,这个协议得到 80 多家著名仪表公司的支持,并于 1993 年成立了 HART 通信基金会。HART 现场总线提供两个同步通信通道:4~20mA 的模拟信号和一个数字信号。这两个通信通道结合,能提供一种易于使用和配置的低成本、高可靠、完整的现场通信解决方案。

3. CAN 现场总线

CAN 现场总线的全称是 controller area network,是 20 世纪 80 年代初德国 Bosch 公司为解决现代汽车制造中众多控制单元、测试仪器之间的实时数据交换而开发的一种串行通信协议。其总线规范现已被国际标准化组织 ISO 制定为国际标准,得到了 Motorola、Intel、Philips、Siemens、NEC 等公司的支持,已广泛应用在离散控制领域。

CAN 协议是建立在 ISO/OSI 开放系统互连参考模型基础上的,其模型结构只有三层:物理层、数据链路层和应用层。其信号传输介质是双绞线。CAN 支持多主方式工作,网络上任何节点均可在任意时刻主动向其他节点发送信息,支持点对点、一点对多点和全局广播式发送/接收数据。

4. DeviceNet 现场总线

DeviceNet 是由美国 Rockwell Automation 公司在 1994 年推出的一种网络,实现了低成本、高性能的网络互联。它能将可连接开关、光电传感器、阀组、电动机启动器、过程传感器、变频调速设备、固态过载保护装置、条形码阅读器、I/O 和人机界面等工业设备连接到网络,从而消除了昂贵的硬接线成本。

5. Profibus 现场总线

Profibus 是作为德国国家标准 DIN 19245 和欧洲标准 prEN 50170 的现场总线。ISO/OSI 开放系统互联参考模型也是它的参考模型。它支持主从系统、纯主站系统和多主多从混合系统等几种传输方式。由 Profibus-Dp、Profibus-FMS、Profibus-PA 组成了 Profibus 系列。

DP 型用于分散外设间的高速传输,适合于加工自动化领域的应用。FMS 意为现场信息规范,适用于纺织、楼宇自动化、可编程控制器、低压开关等一般自动化,而 PA 型则是用于过程自动化的总线类型,它遵从 IEC 1158-2 标准。

6. WorldFIP 现场总线

WorldFIP 是法国 FIP 公司在 1988 年最先推出的现场总线技术。实际上,WorldFIP 最早提供了现场总线网络的基本结构,使现场总线系统初步具有了信息化的技术特征。

WorldFIP 的北美部分与 ISP 合并为 FF 以后,WorldFIP 的欧洲部分仍保持独立,总部设在法国。其在欧洲市场占有重要地位,特别是在法国占有率大约为 60%。WorldFIP 的特点是具有单一的总线结构来适用不同应用领域的需求,而且没有任何网关或网桥,用软件的办法来解决高速和低速的衔接。

7. RS485/Modbus 现场总线

RS485/Modbus 是现在流行的一种工业组网方式,其特点是实施简单方便,而且现在支持 RS485 的仪表又特别多。现在的仪表商纷纷转而支持 RS485/Modbus 的原因很简单,就是因为 RS485 的转换接口不仅便宜而且种类繁多。至少在低端市场上,RS485/Modbus 仍将是最主要的工业组网方式。

2.2.4 工业以太网控制系统

20 世纪 90 年代中后期,正当国际现场总线技术标准大战正酣之时,传统上用于办公和商业的以太网开始进入工业控制领域,近年来发展更是迅速。究其原因:首先是由于工业自动化不断向分散化、智能化的实时控制方向发展,用户日益迫切要求统一通信协议和网络标准;其次,Intranet/Internet 的飞速发展要求企业从现场控制层到管理层实现信息的全面无缝集成,并提供一个开放的基础架构,但现场总线不能满足这些要求;最后,曾阻碍以太网进入工业控制领域的网络传输不确定性、不可靠性和安全性等问题已随着传输速度的提高、智能交换技术的应用、光纤传输和屏蔽双绞线的应用而得到解决。

与此同时,各种现场总线标准的支持组织和自动化厂商也意识到了由于众多现场总线标准共存所带来的问题。它们在适应市场需求、加强与其他现场总线竞争的同时,也加紧对工业以太网标准的实现。如 FF 就在 Ethernet 和 TCP/IP 协议的基础上,于 2000 年公布了其高速以太网(high speed ethernet,HSE)技术规范;德国西门子公司于 1998 年发布了 Industry Ethernet(工业以太网)白皮书,并于 2001 年发布了 Industry Ethernet 规范(即 ProfiNet)。

所谓工业以太网(Industry Ethernet)是指在技术上与商用以太网(IEEE 802.3 标准)兼容,但在产品的设计,材质的选用,产品的强度、适用性以及实时性,可互操作性,可靠性,抗干扰性和安全防爆等方面能满足工业现场的要求。工业以太网是继现场总线之后发展起来的、最被认同也最具发展前景的一种工业通信网络。

工业以太网的本质就是以太网技术从办公自动化走向工业自动化。工业以太网控制系统成为工业控制领域的一个重要发展方向,目前它已在工业自动化系统的资源管理层和制造执行层得到了广泛的应用,并呈现向下延伸直接应用于工业控制现场的趋势。未来工厂应用中,实现"e 网到底,e 网打尽"的局面将成为可能。

与现场总线相比,工业以太网在工业控制领域具有如下的优势。

1. 开放性好

基于 TCP/IP 协议的工业以太网是一种标准的开放式网络,不同厂商的设备很容易实现互联互通,这种特性非常适合于解决控制系统中不同厂商设备的兼容和互操作的问题,几乎所有的编程语言都支持以太网的应用开发。

2. 数据传输速率高

以太网支持的数据传输速率可达 10Mps、100Mps,甚至 1000Mps,10G 以太网也正在研究,均比目前任何一种现场总线技术都快。

3. 成本低廉

由于以太网的应用最为广泛,因此受到硬件开发商与生产厂商的高度重视与广泛支持,有很多硬件产品供用户选择,而且由于应用广泛,硬件价格也相对低廉;同时,人们对以太网的设计、应用等多方面有很多的经验,对其技术也十分熟悉,大量的软件资源和设计经验可以显著降低系统开发和培训费用,从而可以显著降低系统的整体成本,并大大加快系统开发和推广速度。

4. 易于实现管控一体化

由于通信协议相同,工业以太网能实现办公自动化网络(IT)与工业控制系统(OT)的无缝连接,建立统一的企业网络,可实现嵌入式控制器、智能现场测控仪表和传感器等设备方便地接入以太网络,直至与 Internet 相连。企业的网络结构进一步扁平化。网络上的用户无论处于什么地方都能使用网络上的共享数据、设备及其他服务。这种强大的资源共享能力是目前现场总线技术无可比拟的。

5. 支持多种物理介质和拓扑结构

以太网支持多种传输介质,如同轴电缆、双绞线、光缆、无线等;工业以太网支持总线型、星型等拓扑结构,可扩展性强,同时还可以采用多种冗余连接方式提高网络性能。

2.2.5 工业物联网系统

如果把互联网比作一张无形的网,那么物联网就是一个触手可及的世界。互联网曾经深刻地改变了商业市场,而物联网则因具有与世界万物相伴相生的能力,将作为一种强大的内生力量,引发远远超越商业变革的革命。物联网,不是互联网与万物的简单结合,而是万事万物的相融相通,不仅使人与人之间,而且使人与物、物与物之间的交流变成可能,是从数据信息互联到一切物质形态互联的质的飞跃。未来,物联网将渗透进生产和生活的方方面面,生产和生活效率都将大幅提高,整个人类社会生产力水平将达到一个新的高度,人们的生活也将得到极大的丰富和改善。

工业物联网(industrial internet of things,IIOT)是物联网在制造业中的具体应用。工业物联网正驱动着制造业加速向数字化、网络化和智能化方向延伸拓展。工业物联网与其说是网络,不如说是业务和应用。

工业物联网需要具备以下四个基本功能。

(1)能实现不同来源和不同结构的数据的广泛采集。

(2)具备支撑海量工业数据处理的能力。

(3)能通过工业机理和数据科学实现对海量工业数据的深度分析,并能实现对工业知识的沉淀和复用。

(4)能够提供开发工具及环境,实现工业 APP 的开发、测试和部署。

工业物联网应用包含以下四个场景。

场景一是面向工业现场的生产过程优化。

场景二是面向企业运营的管理决策优化。

场景三是面向社会化生产的资源优化配置与协同。

场景四是面向产品全生命周期的管理与服务优化。

以图 2.5 为例,工业物联网系统物理体系结构大致分为以下三个层级。

1. 感知层

感知层相当于人的感官和神经末梢,用于识别物体,采集信息,包括传感器、RFID、多媒体和 GPS 等。数字化制造中的大量终端设备,通过各种数据采集器源源不断地吐出数据,实现"行为即记录,记录即数据,数据进系统"。

20 世纪 80 年代以来,作为现代信息技术的三大支柱之一的传感器技术,获得了飞速发展。传感器是一种检测装置,能够感知被测物的信息和状态,可以将自然界中的各种物理量、化学量、生物量转化为可测量的电信号。传感器为物理设备增添了"五官",极大地增强了物理设备对环境状态的感知能力,加速实现信息数字化。

普通传感器只有感知和输出功能,已经越来越制约信息技术和自动化技术的发展,不能满足客户的差异化需求。因此,智能化、网络化、微型化、集成化是传感器技术的发展方向。

智能传感器是具有信息处理功能的传感器,集感知、信息处理与通信于一体,能提供以数字方式传播具有一定知识级别的信息,具有自诊断、自校正、自补偿等功能。智能传感器作为数字化、网络化、智能化、系统化的自主感知器件,是实现智能制造和物联网的基础。

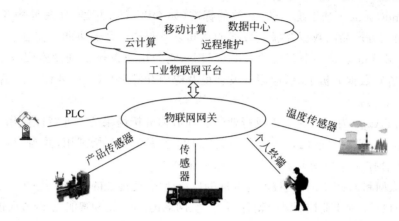

图 2.5 工业物联网物理体系结构

2. 网络层

网络层相当于人的感觉与运动神经系统,它将制造过程中的人、设备、物料、控制器、传感器等连接和管理起来,实现工业大数据的传递和处理、制造过程的协调与控制。

比较成熟的网络通信连接技术包括 Wi-Fi、蓝牙、ZigBee 等短距离无线连接技术和 GPRS、LTE、NB-IoT 等蜂窝连接技术,当然还包含了现场总线、工业以太网、互联网等有线连接技术。低功耗、低时延、高可靠、高带宽、广域覆盖和大连接是无线网络的发展方向,目前新的通信技术和标准如 NB-IoT、LoRa 和 eLTE-IoT 等都在往这个方向努力。正在来临的 5G 无线通信技术会取代目前很多的无线通信技术,一统天下。

3. 应用层

应用层相当于人的中枢神经系统,它通过对工业大数据的计算、分析和决策,进而优化制造过程,创新管理手段,变革商业模式,提升制造系统的柔性。工业大数据的分析必须依托云计算的分布式处理、分布式数据库和云存储、虚拟化技术,因此云计算成为必然选择。

云计算具有以下三个层次。

(1) 能给企业带来直接价值的是应用软件层(Software-as-a-Service,SaaS 层),包括企业自行开发的应用,以及应用市场中第三方开发的各种行业应用。

(2) 应用的开发离不开平台软件层(Platform-as-a-Service,PaaS 层),包括大数据分析、IOT 平台、人工智能平台等模块。

(3) 底层是基础设施层(Infrastructure-as-a-Service,IaaS 层),提供计算、存储、网络、安

全等云基础资源管理服务,但它本身并没有自带强大的机器学习等人工智能能力。

西门子股份公司是全球电子电气工程领域的领先企业,业务主要集中在工业、能源、基础设施及城市、医疗等领域。西门子于 2016 年推出了 MindSphere 工业物联网平台,该平台采用基于云的开放工业物联网架构,可以将传感器、控制器以及各种信息系统收集的工业大数据,通过安全通道实时传输到云端,并在云端为企业提供大数据分析挖掘、工业 APP 开发以及智能应用增值等服务。

MindSphere 平台从下至上包括 MindConnect、MindCloud 和 MindApps 三个层级。

(1) MindConnect 基于统一的、开放的标准(如 OPC UA 标准)实现异构环境的互联互通(包括与第三方产品的数据互联)、数据的感知以及制造过程的协调与控制。

(2) MindCloud 是一个开放的云平台服务,它为用户提供基础设施服务(如云基础设施或本地部署)、数据分析工具、应用开发环境及应用开发工具(支持西门子的 Apps,也支持客户开发的 Apps)。

(3) MindApps 为用户提供集成行业经验和数据分析结果的工业智能应用。

MindSphere 平台目前已在北美和欧洲的 100 多家企业开始试用,并与埃森哲、SAP、微软、亚马逊等合作伙伴开发了多种微服务和工业 APP。

工业以太网和工业物联网的技术与标准的广泛使用,使传统的控制系统的物理体系结构产生了革命性的变化,使工业控制系统朝着"数字化、网络化、标准化和智能化"的方向进一步迈进。

2.3 FMC 智能控制系统逻辑体系结构

2.3.1 逻辑体系结构的总体框架

面对日益复杂多变的制造系统及其环境,如何建立既有柔性化的快速应变能力,同时又能避免"柔性扩大化"或"组织板结"的 FMC 控制系统逻辑体系结构?为此,本书结合递阶式控制结构的层次性和分布式控制结构的自律性,建立了 FMC 智能控制系统的递阶分布式逻辑体系结构,该逻辑体系结构实现了控制功能的纵向集成与横向协同。

FMC 智能控制系统逻辑体系结构如图 2.6 所示,这种逻辑体系结构的控制功能可以概括为"从数据获取洞察,由洞察驱动执行"。

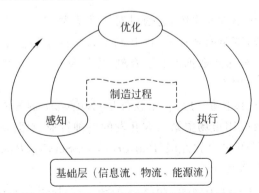

图 2.6　FMC 智能控制系统逻辑体系结构

一方面,这种逻辑体系结构采用了分层递阶式控制结构,将控制功能分解成三个层次,最上层为分析优化层(optimization),主要功能是基于统计机器学习技术与工业机理分析技术对制造过程产生的工业大数据进行分析和决策,以持续优化单元制造过程,从而使 FMC能更好地适应复杂的、不确定的制造环境;中间层为过程执行层(action),主要功能是依据上层的控制/决策规则,基于面向对象的 Petri 网模型,对制造过程进行动态控制;底层为基于 OPC 规范的数据感知层(perception),主要功能是基于 OPC 规范实现基础物理层与上层控制实体间的统一的、标准化的数据交换。这些分布在不同层次上的控制实体具有独立控制功能,同时下一层控制实体的活动受到上层控制实体的监视和协调,系统具有全局优化能力,克服了采用完全分布式控制所带来的局部优化的缺陷。

另一方面,通过面向对象的 Petri 网模型,把柔性制造单元分解为若干个平等的、自治的物理对象,这些物理对象松散耦合,相对独立地执行各自相关功能活动,物理对象之间通过消息传递机制实现局部协同,共同完成单元制造过程,因此,这种逻辑体系结构又具有分布式控制结构的特点。

2.3.2　数据交换层

工业生产现场各种技术要素错综复杂,系统和设备复杂性不断增加(不同制造商、不同型号、不同年代的系统和设备同时存在),而且还存在多种多样的网络连接方式和协议。这种复杂异构的制造环境使得应用软件与现场设备之间以及应用软件之间的横向与纵向的数据交换变得困难重重。如果缺乏统一的、开放的数据交换标准,那么高大上的工业物联网、云计算、人工智能等都将是"无源之水、无本之木",再好的分析决策与控制都将无法落地生根。因此,智能制造的美好前景需要底层的技术支撑,需要底层的标准与规范先行;否则,我们就会离智能制造很远,远到超出我们的想象。统一的、开放的数据交换标准是柔性制造单元智能控制系统的重要组成部分。

传统的工业控制软件是通过驱动程序的方式与现场设备进行数据交换的。如图 2.7(a)所示,应用程序 1 要和现场设备进行数据交换,需要编写 4 种设备驱动程序;同样,应用程序 2和应用程序 3 也都需要编写 4 种不同的设备驱动程序,总共要编写 12 种驱动程序。这种通过驱动程序实现数据交换的软件开发方式存在着以下弊端。

1. 重复开发

由于开发的驱动程序都是专用的,因此对不同设备开发的驱动程序不能为其他应用程序所用,驱动程序的可重用性极差,造成了大量的重复性劳动。

2. 硬件和软件之间的紧密耦合

底层设备一旦升级或者更换,所有使用该设备的应用软件就需要重新开发相应的驱动程序以适应设备的新特性;当应用软件升级时也需要重新开发相应的驱动程序。

3. 系统灵活性差

由于一个具体的应用软件所支持的设备驱动程序有限,它在选择硬件设备时受到极大

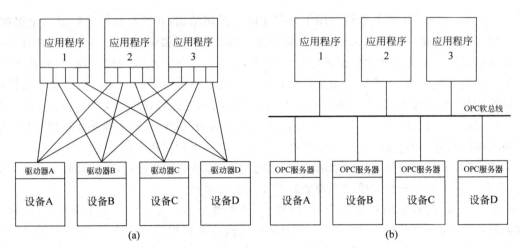

图 2.7　传统数据访问方式(a)与 OPC 数据访问方式(b)对比

的限制；而对于一个具体的设备，它也只能被支持它的驱动程序的应用软件所使用，因此限制了用户在软件和硬件上的选择，使系统不够灵活，与柔性制造的"柔性"理念相违背。

为了解决不同厂商在人机接口、监控和数据采集等方面带来的数据操作不统一的矛盾，工控领域内众多知名的硬件厂商和软件开发商逐步达成共识，共同发起成立了一个国际性组织——OPC(OLE for process control)基金会。该基金会组织制订了一个工业自动化软件互操作性规范——OPC 规范。该规范使得应用软件和现场设备之间以及应用软件之间能够无缝地集成在一起，实现了数据交换方式的标准化，从而极大地提高了现场设备系统、自动化系统(OT)和商业办公系统(IT)的互操作性。

如图 2.7(b)所示，当采用 OPC 规范后，现场设备 A、B、C、D 提供各自的 OPC 服务器，应用软件只需按照 OPC 规范实现 OPC 客户端接口，就可以实现与现场设备的数据交换，中间的那条线可以称为 OPC 软总线。当现场增加新设备时，应用程序不需要做任何的更改就可通过新加设备的 OPC 服务器与新加设备进行数据交换。可以看出，OPC 在硬件供应商和软件开发商之间画了一条明确的界线。它为数据源的产生规定了一种机制，并且为这些数据与任何客户程序之间的通信提供了一种标准的方式。硬件设备的驱动程序按照 OPC 规范封装成可独立运行或嵌入式运行的独立部分，称为 OPC 服务器，上层应用软件作为 OPC 客户端不包含任何硬件驱动程序，只需要遵循 OPC 规范开发一个 OPC 客户端接口，就能够从不同的硬件设备提供的 OPC 服务器中获取数据，从而可以灵活配置系统和实现异构系统的无缝集成，极大地增强了系统的开放性和互操作性。

OPC 规范对智能制造影响深远，其作用主要表现为以下三个方面。

1. 开放性(openness)

用户能够方便地访问工业生产现场设备的实时数据，且这种通信机制是完全开放的。

2. 生产率(productivity)

由于 OPC 是一种开放的工业标准，所以就不再需要花费大量的时间和人力来解决集成的问题，极大地提高了生产率。OPC 能完全保证产品之间的无缝集成。

3. 协作性（collaboration）

使用者可以将 OPC 客户端应用与所有支持 OPC 的自动化设备和自动化系统相连接，只需提供 OPC 服务器即可，真正实现了"即插即用"。

这也是 OPC 基金会对 OPC 的最新定义：开放性（openness）、生产率（productivity）、协作性（collaboration）。

早期的 OPC 规范是由 Fisher-Rosement、Intellution、Rockwell Software、Intuitive Technology 以及 Opto 22 在 1995 年开发的，微软同时作为技术顾问给予了支持。OPC 基金会（OPC foundation，OPC-F）于 1996 年 9 月 24 日在美国的达拉斯举行了第一次理事会后，于同年 10 月 7 日在美国芝加哥举行的第一次全体大会上正式宣告成立。为了普及和进一步改进，于 1996 年完成了 OPC 数据访问标准版本 1.0 的开发，开始了全球范围的活动。在日本，为响应以美国为中心的国际标准活动，由 11 家公司作为发起人，于 1996 年 10 月 17 日正式成立了日本 OPC 协会（OPC-J）。几乎与此同时欧洲 OPC 协会（OPC-E）也相继成立。在中国，由 5 家公司作为发起人于 2001 年 12 月正式成立了中国 OPC 促进会（OPC-C）。OPC 基金会是维护 OPC 规范的非营利性组织，其会员已遍布全球，世界上所有主要的自动化控制系统、仪器仪表及过程控制系统的公司都成为 OPC 基金会的成员。截至 2018 年年初，在全球范围内已有 4200 多家控制设备厂商和控制软件供应商提供了 35 000 多种不同的 OPC 产品，这些 OPC 产品正被用在 1700 万个应用系统中，单在工程资源方面，就节省了数十亿美元。

OPC 最初目的是解决硬件设备与应用软件之间的互连问题，也就是 OPC DA（data access）规范要解决的问题。随着 OPC 的发展，OPC 规范已经远远超出这个范围，它实际上已成为连接数据源（OPC 服务器）和数据的使用者（OPC 客户程序）之间的软件接口标准。这里的数据源也不再局限于 PLC、DCS 等控制设备。从广义上讲只要是能提供 OPC 数据服务的服务器都可称为数据源，像 OPC DA 服务器对 OPC A&E（alarms and events）服务器来说就可以说是数据源；同样，得到数据源服务的应用程序都可称为数据的使用者。

随着技术的发展和市场的需求，OPC 规范的发展经历了三个主要阶段，即 OPC Classic 阶段、OPC XML-DA 阶段和 OPC Unified Architecture（OPC UA）阶段。

下面简单介绍 OPC 规范的三个主要标准。

1. OPC Classic 规范标准

目前，OPC Classic 含有的规范如表 2.1 所示。以下简单介绍 OPC Classic 的一些常用规范。

（1）数据存取规范（OPC DA）。该规范定义了 OPC 服务器中一组 COM 对象及其接口，并规定了客户对服务器程序进行数据存取时需要遵循的标准。借助微软的 DCOM 技术，OPC 实现了高性能的远程数据访问能力。

（2）历史数据访问规范。该规范提供一种通用历史数据引擎，可以向感兴趣的用户和客户程序提供数据汇总和数据分析等额外的信息。

（3）报警和事件处理规范。该规范提供了一种通知机制，在指定事件或报警条件发生时，OPC 服务器能够主动通知客户程序。

（4）安全性规范。该规范提供了一种专门的机制来保护 OPC 服务器中的现场数据。

（5）批处理规范。该规范基于 OPC 数据存取规范和 ISA88 系列批量控制标准，提供了一种存取实时批量数据和设备信息的方法。

表 2.1　传统（Classic）OPC 规范标准

标　准	版　本	内　容
Data Access	1.10,2.0,3.0	数据存取规范
Historical Data Access	1.10,1.20	历史数据访问规范
Alarms and Events	1.1	报警和事件处理规范
Data Exchange	1.0	服务器间数据交换规范
Complex Data	1.0	复杂数据标准
Security	1.0	安全性规范
Batch	1.0,2.0	批处理规范

OPC Classic 接口是基于微软的 COM（component object model）和 DCOM（distributed component object model）技术制定的。这种做法的优点是借助微软已有的技术，减少了规范制订的周期并快速形成相关产品。但是，其缺点也是显而易见的。

（1）这个规范依赖于微软的技术，不具备平台独立性，不利于规范的长远发展。

（2）DCOM 不适用于 Internet 环境，它不支持通过 Internet 访问对象。

（3）DCOM 产生的传输报文很复杂，并且由于防火墙的存在，在 Internet 上发送 DCOM 报文非常困难。虽然可以用 OPC XML-DA 规范，并结合 Web Services 技术，能弥补上述缺陷，但是由于规范本身的问题，其在可互操作性、安全性、可靠性等方面仍不能满足用户的需求。

2. OPC XML-DA 规范标准

OPC XML-DA 是第一个平台独立的 OPC 规范，它用 HTTP/SOAP 和 Web Service 技术替代 COM/DCOM。在 OPC XML-DA 中，OPC 数据交换的方法减少到了最小，仅保留了 8 种方法。

OPC XML-DA 主要用于 Internet 和企业信息的集成。它的平台独立性主要应用于嵌入式系统和非微软平台。由于消耗资源多且性能有限，OPC XML-DA 并没有达到预期的效果。因此，OPC XML-DA 只维持了相对较短的时间，可以看作 OPC 规范的过渡阶段。

3. OPC UA 规范标准

OPC UA 规范是 OPC 基金会提供的新一代技术，是目前已经使用的 OPC 工业标准的补充。OPC UA 是在传统 OPC 规范取得很大成功之后的又一个突破，让数据采集、信息模型化以及工厂底层与企业层面之间的通信更加安全、可靠。OPC UA 正在成为西门子、

GE、横河、贝加莱(该公司已被 ABB 收购)等自动化公司所极力推动的技术标准,而这也得到了世界 IT 行业巨头包括微软、SAP 等的大力支持。为了更好地解决我们国家智能制造实施过程中异构系统信息集成难的问题,支撑智能制造标准体系建设,2017 年 9 月 5 日,国标 GB/T 33863.1～33863.8—2017《OPC 统一架构》发布报告会暨 OPC UA 认证测试实验室授权仪式在北京举行,该标准的发布既是我们国家智能制造标准化工作的一个阶段性成果,又是实施智能制造互联与集成应用的实践。

OPC UA 是一个实现工业互操作的标准,它定义了通用架构模型来实现这种互操作性。OPC UA 的架构模型由三部分组成:底层部分是有关通信的内容,具体采用哪种通信协议不受限制;中间部分是元信息模型以及对此信息模型的存取;最上部分是供应商专用的扩展,也就是配套的信息模型。

在德国工业 4.0 设计的工业 4.0 参考架构模型(reference architecture manufacturing for industry 4.0,RAMI 4.0)中,其纵向共分为 6 个层次,从下至上依次为资产层、集成层、通信层、信息层、功能层和商业层,OPC UA 作为基础的通信层的实现标准,并且对信息层进行了定义。

OPC UA 的主要特点如下。

1) 访问统一性

OPC UA 有效地将现有的 OPC 规范(DA、A&E、HDA、命令、复杂数据和对象类型)集成进来,成为现在的新的 OPC UA 规范;OPC UA 提供了一致、完整的地址空间和服务模型,解决了过去同一系统的信息不能以统一方式被访问的问题。

2) 通信性能

OPC UA 规范可以通过任何单一端口(经管理员开放后)进行通信。这让穿越防火墙不再是 OPC 通信的路障,并且为了提高传输性能,OPC UA 的消息编码格式可以是 XML 文本格式或二进制数格式,也可使用多种传输协议进行传输,比如 TCP 和通过 HTTP 的网络服务。

3) 可靠性、冗余性

OPC UA 含有高度可靠性和冗余性设计、可调试的逾时设置、错误发现和自动纠正等新特征,这些特征使得符合 OPC UA 规范的软件产品可以很自如地处理通信错误和失败。OPC UA 的标准冗余模型也使得来自不同厂商的软件应用可以同时被采纳并彼此兼容。

4) 标准安全模型

OPC UA 访问规范明确提出了标准安全模型,每个 OPC UA 应用都必须执行 OPC UA 安全协议,这在提高互通性的同时降低了维护和额外配置费用。用于 OPC UA 应用程序之间传递消息的底层通信技术提供了加密功能和标记技术,保证了消息的完整性,也防止信息的泄露。

5) 与平台无关

OPC UA 软件的开发不再依靠和局限于任何特定的操作平台。过去只局限于 Windows 平台的 OPC 规范拓展到了 Linux、Unix、Mac 等其他平台。OPC UA 是一种基于 Internet 的面向 Web Service 的服务架构。OPC UA 的发展不仅立足于现在,更加面向未来,为未来的先进系统做好准备,同时与保留系统继续兼容。

2.3.3　过程控制层

过程控制层的主要任务是建立基于 Petri 网的单元制造过程模型,并根据所建模型,对来自分析决策层的生产调度指令进行任务分解、资源分配,同时对制造过程中的相关制造活动进行协调与控制。

分析决策层发出的调度指令(即调度好的生产订单)虽然是动态的和实时的,但仍然是一种比较宏观的生产任务指令,它仅指出了柔性制造单元当前应完成的宏观调度任务,如"某机床某时刻开始对某零件的某道工序进行加工",并没有给出完成这一生产订单的具体步骤和各执行环节应该怎样协调动作。显然,从宏观的生产订单指令到细微的制造过程之间还需有一个任务分解和协调控制的环节,这就是过程控制层的功能。

对于上述例子,过程控制层将调度好的生产订单进一步分解成如下更细化的控制各环节运行的指令(以下细化的指令仅仅是示例)。

1. 物料装夹指令

过程控制系统根据生产订单中所包含的物料编码和准备加工的工序号,从工艺路线中得到所需的夹具和托盘编号,然后向装卸站发出包含物料编码、夹具号、托盘号等信息的物料装夹指令。装卸站按照该指令执行物料的装夹任务。

2. 物料输送指令

过程控制系统根据生产订单中所包含的物料编码和准备加工的工序号,从工艺路线中得到所对应的工作中心编码及缓冲存储区,然后确定运输装置,并计算起始位置和终点位置,据此向物料输送装置发送物料输送指令。物料输送装置按照该指令执行物料的运输任务。

3. NC 程序传输指令

过程控制系统根据生产订单中的物料编码、准备加工的工序号和该工序号对应的数控机床编码,得到所需的 NC 程序号,然后将该 NC 程序从程序库中调出,通过网络系统传送到指定的数控机床的数控系统中,使该数控机床做好加工准备。

4. 刀具准备指令

过程控制系统根据生产订单中的物料编码、数控机床号和工序号,检查机床刀库中是否有所需刀具;若没有,则向车间刀具管理系统发出刀具准备指令,车间刀具管理系统按照此指令执行刀具的准备任务。

5. 机床开工指令

当物料由输送装置送达到数控机床后,并且所需的数控程序和加工刀具已经准备就绪,则过程控制系统向数控机床发出开始加工指令。机床数控系统按照该指令控制机床启动,并根据相应的数控程序控制机床运行,完成物料当前工序的加工任务。

只有通过上述各细化指令的执行,才有可能完成生产订单给定的任务。由上述示例可见,一条调度指令的完成,需涉及制造过程中多个环节(即多个制造活动)的运行。显然,这些环节的运行不是独立的,相互之间必须严格协调。从具体实施上看,就是要使这些指令的执行不但要满足严格的逻辑关系,而且还需遵守严格的时序关系,例如,上述工件输送指令的执行,必须满足以下条件。

(1) 运输装置已完成前一输送任务,现状态良好。

(2) 装卸站已经按要求将工件安装正确的夹具和托盘。

(3) 输送目的地已空出,如机床已完成上一个工件的加工并将其从工作台上卸下,或者托盘交换装置的上料台为空。

如果这些条件不具备,那么工件输送指令将不能正确执行。

由此可见,为了保证生产任务分解后各项具体指令的正确执行,过程控制层必须对这些指令的执行过程进行协调。为了实现协调,过程控制层必须实时获得各种制造资源和制造活动的状态信息,在此基础上通过对获得信息的分析,准确确定各制造活动的动作顺序和时间。只有这样,调度指令才能得以正确实施,制造过程才能有条不紊地进行。

2.3.4　分析决策层

分析决策层的主要功能是对单元控制系统进行智能赋能,辅助管理人员和专业人员对单元制造过程进行分析和决策;基于分析决策所获得的新的业务知识和规则,对单元制造过程进行持续优化和改善。分析决策层的逻辑体系结构从下而上依次为基础设施层、数据分析层和智能应用层,如图 2.8 所示。

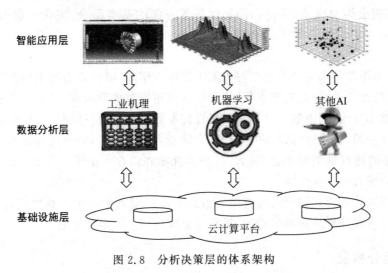

图 2.8　分析决策层的体系架构

1. 基础设施层

基础设施层的主要功能是对诸如计算资源、网络资源、存储资源、软件资源等 IT 资源进行管理和调度,实现资源弹性的目标,即资源的时间灵活性和空间灵活性两个基本目标,从而为上层的智能决策提供高效灵活而又安全可靠的基础设施服务。

早期的基础设施架构使用高度集中的模式,向企业的使用者提供增强的计算能力和存储功能。在 20 世纪 80 年代和 90 年代,随着低成本的个人电脑的崛起,以及局域网和互联网的出现,这些集中式的架构逐渐被分布式架构所取代。现在,随着计算需求的日益增加,系统架构师开始将计算任务转移到云平台上,这样就可以充分利用云平台的几乎无限的计算能力和存储资源,同时享受其带来的高可靠性和低成本。随着机器学习等高级人工智能技术在企业中的普及,云平台资源将在每个企业中扮演着越来越关键的角色。

云平台是分布式处理、并行处理和网格计算的发展,或者说是这些计算机科学概念的商业实现。它的核心是海量数据的存储和计算,特别强调虚拟化技术的应用。简而言之,云平台就是一种依托互联网的超级计算模型,将巨大的资源联系在一起为用户提供各种 IT 服务,旨在实现资源服务的弹性。云平台本身为大数据的存储和分析提供了很好的基础设施,但默认的云平台上并没有自带强大的机器学习等人工智能能力。云平台很像是自来水供应,人们只需拧开水龙头就可以使用水厂提供的水资源,而不必自己去建立一个大而复杂的水厂。

然而,随着大量传感器、智能化终端等网络边缘侧设备的连接,这些边缘侧设备需要在本地进行数据处理,例如,工业自动化控制系统对数据的实时性有很高的要求,如果把这些数据的分析处理等都放到云端,既会带来高昂的带宽成本,又难以满足边缘侧业务的实时性,同时边缘侧数据对很多行业来说都是高度敏感和关键的,这些数据放到云端存在安全与隐私方面的风险。于是,边缘计算这个新的计算模型应需而生。边缘计算是相对于云计算而言的,边缘计算将数据的存储和处理从云平台或数据中心迁移到靠近数据源头的边缘服务器或者终端设备上,这样做可以产生更快的网络服务响应,满足行业在可视化、实时分析与决策、安全与隐私保护等方面的基本需求,实现了将云平台的能力延伸到边缘端。边缘计算并不是要取代云计算,而是和云计算互为补充,一起更好地为用户提供服务。

但是,在边缘设备端部署深度学习等人工智能应用时,设计者需要克服人工智能应用精度要求高、实时性要求强、能耗要求低、终端设备可用资源少等困难。例如,高精度的深度学习模型通常都十分庞大,由数百万甚至以亿计的参数构成,运行推理这些模型需要耗费大量的计算和内存资源,虽然边缘设备的处理和存储能力不断提升,但仍远远赶不上云计算的能力;边缘设备的特点是类型多、差异大,处理器性能和内存大小千差万别,没有一个深度学习模型能适应所有的边缘设备。

大型主机式计算模式到个人计算模式再到云计算模式和边缘计算模式,计算模式在集中式计算和分布式计算之间不断轮回,循环往复式地向上发展前进着。

2. 数据分析层

数据分析层的主要功能是通过各种分析方法和工具,让计算机从工业大数据中发掘出知识,得出结论,并做出行动规划。

数据分析层的基础是工业大数据和大计算,数据分析层为上层智能应用软件的开发和运营提供了不可或缺的支撑平台和开发环境。

数据分析层包括但不限于以下的具体功能模块。

1）数据处理

数据处理包含数据采集、数据筛选、数据标注、数据集版本管理等功能。

2）算法实现

算法实现包括搭建开发环境、选择框架、选择算法、编写算法代码、安装相应软硬件等功能。

3）模型训练

通过一系列技术，从软硬件两方面相互协同，实现大规模分布式模型训练，旨在加速模型训练，提升模型训练效率和模型性能。

4）模型部署

将训练好的模型在云、边、端的各种设备中和各种场景中进行协同部署。

数据分析层在分析数据的过程中需要用到一些分析技术，这些技术可以是机器学习算法中的无监督学习算法，如聚类算法、基于数据库的关联规则挖掘方法；可以是机器学习算法中的监督算法，如回归分析算法、统计分类算法等；也可以是其他人工智能技术，如群智能优化算法等；还可以是工业机理分析方法，譬如，理论模型（流体力学模型、热力学模型、空气动力学模型等）、逻辑模型（逻辑框架、流程步骤、管理时序等）、产品集成模型、工艺模型、仿真模型、控制模型等。

数据分析的对象是大数据。大数据（big data 或 mega data）也称为巨量资料，是指一种规模大到在获取、存储、管理、分析等方面大大超出了传统数据库软件工具能力范围的数据集合，需要通过运用新系统、新工具和新模型，才能获得具有洞察力和新价值的东西。大数据技术的战略意义不仅在于掌握庞大的数据信息，而且还在于对这些含有意义的数据进行专业化处理。大数据不用随机分析法这样的捷径，而是采用对所有数据进行全面分析和处理的方法。

区别于其他数据，大数据具有 5V 特点，即数据容量大（volume）、数据类型繁多（variety）、数据真实性（veracity）、数据处理速度快（velocity）以及数据价值（value）。

（1）Volume。即数据量巨大，包括采集、存储和计算的量都非常大。大数据的起始计量单位至少是 P（1000 个 T）、E（100 万个 T）或 Z（10 亿个 T）。

（2）Variety。即数据类型繁多，数据来源多样化。大数据不仅是处理巨量数据的利器，更为处理不同来源、不同格式的多元化数据提供了可能。

（3）Veracity。即追求高质量的数据。数据的重要性就在于对决策的支持，具有真实性和高质量的大规模数据是获得真知和洞察最重要的因素，是成功制定决策最坚实的基础。

（4）Velocity。即数据增长速度快，处理速度也快，时效性要求高。速度快是大数据处理技术与传统的数据挖掘技术的最大区别。

（5）Value。即需要通过深度挖掘和分析技术，大数据的价值才能被发掘出来，大数据才能为组织带来巨大的商业价值和竞争优势。

工业大数据包括企业信息化数据、物联网数据和外部相关的跨境数据。对工业大数据的基本要求是真实、可靠、全面和及时。

总之，数据分析层通过工业机理分析和数据科学分析实现对工业大数据的深度分析和挖掘，将分析得到的大量的行业知识、工艺经验、分析模型和工具等进行规则化、软件化、模块化，并封装为可重复使用的微服务，在此基础上，为应用层提供一个可扩展的"工业操作系统",为上层应用软件的开发和应用提供一个低成本、低风险和高效率的应用开发环境和应用开发工具。

3. 智能应用层

智能应用层的主要功能是结合特定的应用场景,通过调用数据分析层提供的微服务,开发一系列业务智能分析应用组件。利用业务智能分析组件的分析结果来评估关键绩效指标(KPI),优化制造过程,从而实现高质量、快交付、低成本和高效率的单元定制化制造目标。

这些业务智能分析应用组件可以从柔性制造单元的生产调度、物流控制(物料的存储、运输及加工)、质量管控、资产运维、能耗监控和安全管理等方面对单元的制造过程进行分析、决策和优化。

1) 设备智能控制

某些设备或设备的某些环节是在环境和自身结构参数固定的情况下(即在结构化的环境中),根据已经设定好的工作流程来完成工作任务的。虽然这种工作方式具有标准化、易于操作和效率高的特点,但却无法在复杂多变的环境(即非结构化的环境)中正常工作,也就是说,当外界环境发生变化或者设定的特定条件发生改变时,这些设备将无法正常工作,不具有广泛的适应性和灵活性。直接智能控制系统(神经网络控制器、模糊控制器、专家控制器等)可以解决这类底层设备的控制问题。

工业机器人已经广泛地应用在工业生产的各个领域中,如物料的分拣、搬运、焊接、喷涂、装配、检测等场景之中,在这些场景中,工业机器人的一项基础的、共性的操作就是要能够正确抓取目标物体。通过工业相机配合基于深度学习的计算机视觉算法可以从视觉上帮助工业机器人在复杂多变的环境下自主地、快速而准确地完成目标抓取操作。

移动机器人避障技术是移动机器人研究的一个重要方向。针对移动机器人的避障问题,研究者们已经提出了许多方法,如栅格法、模拟势场法、基于滚动窗口的规划法、机器视觉法和基于行为的控制方法等。基于行为的控制方法是由著名的人工智能专家 R. Brooks 首先提出的。由于移动机器人的运行环境是未知的,而依靠经验规则并通过计算机的固定"硬编码"的方式是很难应对纷繁复杂而又变化多端的环境。因此,强化学习被广泛地应用到基于行为的移动机器人控制中,其中深度 Q 学习网络(DQN)是最常用的一种强化学习算法。

2) FMC 的智能调度

车间调度是指根据单个或多个调度目标和车间的环境状态,在尽可能满足约束条件(如工艺路线、资源状况、工件交货期等)的前提下,优化安排各个工件的工序所使用的资源、工序加工的先后顺序、工序加工的开始与结束时间,以便较好地完成制造企业运营层下达的生产计划。

车间调度是制造企业的核心功能,它将研发设计、人力资源、财务成本、生产计划、物料采购、生产质检、仓储运输等各个业务环节有机地协同起来,极大地优化了企业制造过程,提升了车间作业的控制水平。

柔性作业车间调度问题是经典车间调度问题的扩展,它突破了经典车间调度问题对资源唯一性的限制,每道工序可以在多台机床上进行加工,因此它提升了加工柔性,提高了设备利用率,缩短了生产周期,保证了生产稳定持续地进行。柔性作业车间调度问题不仅需要确定工序的加工顺序,还要为每道工序分配机器资源。

FMC调度问题属于柔性作业车间调度问题。

FMC调度问题是一个在若干等式和不等式约束下的组合优化问题,从计算时间复杂度来看是一个NP-hard问题,例如,在不考虑约束条件等情况下,10个工序在5台机器上进行加工(小规模调度问题)的可能顺序就有$(10!)^5 \approx 6 \times 10^{31}$。随着调度问题的规模和复杂性的增大,问题可行解的数量也呈指数级增加。因此,FMC调度问题主要采用近似算法进行优化求解,如启发式算法、人工智能算法等。

3) 工序质量智能监控

企业产品质量的好坏是企业生存之本、发展之本、品牌之本,是企业其他一切的基础。产品质量的好坏主要是由产品质量形成过程中的质量控制来保证的。生产过程是产品质量形成过程中的最重要的一个阶段,是企业中参与人员最多,涉及职能部门最多的阶段。在既定的产品设计质量前提下,生产过程是把产品设计质量转化为产品实际质量的关键阶段。构成生产过程的基础单元是生产工序,因此工序质量是形成产品质量的最基础环节。

所谓工序质量是指工序在5M1E等质量要素整体影响下的稳定性。5M1E即人员(man)、设备(machine)、物料(material)、方法(method)、测量(measurement)和环境(environment)。

由于受5M1E的影响,即使是同一个人、同一种物料或同一台设备生产出来的同一种产品,其质量水平也是不尽相同的。在工序处于控制状态时,这些质量特性应服从于某种分布规律,而当工序失去控制时,质量特性必然会发生突变。依照对质量特性影响的不同,对质量特性影响的因素可分为如下的随机因素和系统因素两大类。

(1) 随机因素(正常因素)。随机因素是始终存在的,它对产品质量的影响微小,但是在任何情况下都是不可能避免的,如原材料性能、成分的微小差别,刀具的正常磨损,操作者生理与心理的正常变化等。其特点就是没有规律性,也没有可预见性,这些变化是不可避免的,它们只有统计意义,没有办法规避,更没有办法消除。

(2) 系统因素(异常因素)。系统因素对产品质量的影响较大,比较容易查找其发生的原因,是质量控制关注的主要对象,如员工不遵循操作规范,材料规格不符合要求,部件、夹具严重松动等。它们常常引起质量的显著改变,这类因素一般较少出现,一旦出现,也容易找到改进的措施加以消除。

我们把随机因素引起的产品质量特性的波动称为正常波动,把由系统因素引起的产品质量的波动称为异常波动,并称前者为工序处于控制状态,后者为工序失去控制状态。

工序质量控制是利用统计工具和大数据分析工具判断和消除系统因素而不是随机因素所造成的质量波动,以保证工序质量的波动限制在要求的界限内,最终让整个生产过程都处于可控状态,从而保证产品质量。为了保证工序质量处于可控状态,一些企业通过工业物联网对生产过程、设备工况、工艺参数等信息进行实时采集;在离线状态下,利用知识工程、机器学习算法挖掘产品缺陷检测数据与工业物联网历史数据之间的关系,形成控制规则;在在线状态下,通过强化学习技术和实时反馈,控制生产过程以减少产品缺陷。

4) 设备预测性维护

无论哪个行业,设备都是高价值资产,对企业整体生产运营有着至关重要的作用,意外停机不但会影响产品交货期和产品生产质量,还会降低维修效率,增加设备连锁损坏风险,并会进一步影响上下游设备的生产,对企业而言损失重大。在役设备运行中的故障导致的恶性事故屡见不鲜,设备安全可靠运行甚至对国计民生、社会稳定以及生态环境都有着重要影响。因此,设备维护享有高优先级的待遇,而明确的早期识别和干预计划对工业设备的维护是非常有价值的。

工厂中早期设备维护主要采用事后应对方式,即设备故障发生后才来解决问题,这意味着维修人员成为救火队员,而且故障已经发生,损失也已造成。因此,工厂现行的做法是采用预防性维护(preventive maintenance),即在规划的时间里对设备进行统一的更换和升级,这样做的好处是避免了大故障发生的风险,但是常常因为过度维护而导致能源、资源的浪费和人力成本的剧增,而且不能避免突发的设备故障。

在今天,基于传感器、物联网、云计算和大数据分析等技术,使得基于状态监测的预测性维护成为工厂资产管理的一个具有广阔应用前景的新发展方向。

预测性维护(predictive maintenance)就是在采集设备状态大数据(如温度、振动等数据)的基础上,基于大数据分析技术和工业机理分析技术,预先洞察设备的哪些环节可能发生故障,预测设备在后续 n 个时间序列中是否有可能出现故障,或者预测设备在下一次故障之前的剩余使用寿命有多长,将不确定性转化为确定性,做出前瞻性的预测维护。设备状态监测及故障预警技术是设备预测性维护的关键技术。

通过在线检测发现潜在问题,从被动维护转换为基于实际状况的预测性维护,其潜在的贡献如下。

(1)工厂可以最大程度地减少意外停车或重大意外事故,有利于降低产品不良品率。

(2)可以降低计划内和计划外的维护成本,提高整个设施的利用率和生产率,并提高生产运营效率。

(3)由于采用预测性维护,对于设备潜在的问题可以进行监测并及时改善,这些都会使设备原有的寿命得以延伸,对于生产企业的投资是一种很好的保护,尤其是重要的高价值设备,多几个月的使用往往意味着百万元级的节省。

(4)良好的设备运行和可预测的故障都会给员工安全带来极大的保护。

(5)由预测性维护所提供的增值服务也延伸了设备制造商的盈利范围,使得设备制造商的持续竞争力显著提升。通过预测性维护可获取不同地区、不同环境下设备的实时运行状态参数,将这些数据进行深入挖掘分析,从而形成一个产品大数据宝库,有了这个宝库,设备制造商就可以更好地优化产品设计,降低产品不良品率,同时也可以为设备制造商的数字化精准营销提供源源不断的数据支撑,成为制造商经营转型的重要工具和手段。

预测性维护技术是智能工厂重要的构成部分,是制造企业服务化转型的重要抓手,也是制造企业新的利润中心。

5)商务智能分析

通过整合来自不同数据源的数据,无论这些数据位于企业内部还是云端,用户可以利用基于数据库的数据挖掘技术从数据中获取洞察,发掘情报,创建和丰富可视化内容。

如大家常听说的"尿布与啤酒"的故事就是基于数据库的频繁模式挖掘技术的典型应用案例。

世界著名零售企业沃尔玛拥有世界上最大的数据仓库系统。沃尔玛数据仓库里集中了其各门店的详细原始交易数据,在这些原始交易数据的基础上,沃尔玛利用基于数据库的数据挖掘工具对这些数据进行关联性分析,得到了一个意外的发现:与尿布一起购买的最多的商品竟然是啤酒!这是数据挖掘技术对历史数据进行分析的结果,反映了数据的内在规律。那么,这个结果符合现实情况吗?

于是,沃尔玛派出分析师对这一数据挖掘结果进行调查分析,从而揭示出隐藏在"尿布与啤酒"背后的美国人的一种行为模式:在美国,太太们常叮嘱她们的丈夫下班后为小孩买尿布,而丈夫们在买完尿布后,他们中有 30%～40% 的人又随手带回了他们喜欢的啤酒。

既然尿布与啤酒一起被购买的机会很多,于是沃尔玛就在其各家门店将尿布与啤酒摆放在一起,结果是尿布与啤酒的销售量双双增长。

6) 智能安全管理

安全管理贯穿柔性制造单元制造过程的始终。通过基于深度学习的计算机视觉技术(如人脸识别、目标检测等技术)对危险区域进行 7×24 小时管控,实时识别并跟踪进入危险区域的非授权对象,监控作业区域人员是否按规定佩戴安全帽、穿安全服,将安全生产的风险降到最低。

7) 智能仓储管控

智能仓储依托搬运机器人、码垛机器人、自动化立体库等智能装备,实现智能运作。与传统仓储相比,智能仓储从空间利用率、作业效率、人工成本等指标来看,优势显著,降本增效显著。

第3章

基于Petri网的制造过程建模原理

3.1 Petri 网综述

为了能更好地分析、控制和优化柔性制造单元的制造过程,我们必须要对柔性制造单元的制造过程进行建模。

所谓制造过程建模就是用一定的建模方法抽象地描述制造过程中的要素以及要素之间的关系,并反映制造过程的性能和制造过程的静态结构、动态行为之间的关系。

FMC 的制造过程是一个典型的离散事件动态系统,它具有两个基本特征:状态空间是离散的;状态转移是事件驱动的。FMC 的制造过程不像连续变量动态系统那样采用传统的微分方程或差分方程建立数学模型。正如第 1 章所述,有许多不同的离散事件动态系统建模理论、方法和工具,但在实际工程应用中,Petri 网以其独特的优势已成为研究离散事件动态系统的主要工具。

Petri 网最早由德国 Carl A. Petri 于 1962 年在他的博士论文中提出,文中采用图形化网络形式(用其名命名为 Petri 网)描述计算机系统事件之间的因果关系。多年来,世界各地的一大批学者和工程技术人员不断致力于 Petri 网理论及应用的研究,因此,Petri 网的理论不断被充实和完善,Petri 网的应用也从计算机科学向其他领域不断渗透,成为研究离散事件动态系统的一种重要而有效的工具。这些领域包括制造自动化系统、交通系统、医疗诊断与管理系统、办公自动化系统、容错与故障诊断系统和决策系统等。

与其他几种离散事件动态系统建模方法相比,Petri 网具有以下特点。

(1) Petri 网采用可视化图形描述离散事件动态系统的组织结构与动态行为,易于理解。虽然其他方法中也有采用图形化方式,但它们只是起辅助作用,主要还是依赖数学方式描述系统,理解起来较为困难。

(2) Petri 网具有严密的数学解析理论,支持数学上形式化描述与分析离散事件动态系统。Petri 网可用于对离散事件动态系统进行仿真、分析与评估,如是否存在瓶颈,期望的任务是否能完成,检查与防止诸如过程锁死、堆栈溢出、资源冲突等不期望的行为特性。

(3) Petri 网是一种结构化的描述工具,可以清晰地描述离散事件动态系统的局部关系,如某个变迁或库所与其他的库所或变迁之间的联系;可以方便地描述离散事件动态系统中的事件的串行与并行、同步与异步、冲突与死锁等结构特征;也可以描述过程内部的数据流和物流;又可以模块化、分层次地建立分布式递阶结构的 Petri 网。

(4) Petri 网是从组织架构的角度,从控制和管理的角度出发,模拟离散事件动态系统,并不涉及系统实现所依赖的物理和化学机理,因此,是对系统共性的高度抽象与概括。

(5) Petri 网模型在不同的应用领域里可以有不同的解释,从而起着不同领域沟通的桥梁作用,网论为这些领域提供了通用的基础理论。

Petri 网除了具有上述优点外,也存在着某些局限性,主要表现为 Petri 网的描述能力有限。为了克服其不足之处,根据实际需要,人们不断地对 Petri 网进行完善、改进和创新,在最初的 Petri 网(也称称为基本 Petri 网)基础上,形成了许多高级 Petri 网,如着色 Petri 网、面向对象的 Petri 网等,其中面向对象建模方法与 Petri 网相结合所形成的面向对象的 Petri 网是一个重要的研究与应用方向。

3.2　基本 Petri 网原理

3.2.1　基本 Petri 网的定义

一个离散事件动态系统的 Petri 网模型主要包含两部分。

1) 静态结构

Petri 网包含了两种集合,一个是库所(place)集合,一个是变迁(transition) 集合,库所与变迁之间通过加权流动关系(weighted flow relation)连接起来,从而形成了离散事件动态系统的静态结构。

2) 动态行为

Petri 网的动态行为是以标识 M(markings)来描述的。Petri 网中的标识 M 表示离散事件动态系统的整体状态,标识 M 是一非负整数向量,其中每一元素描述对应库所的局部状态。具有 n 个库所的 Petri 网的一个标识 M 是一个 $n \times 1$ 的非负整数向量,其中标识 M 中的第 i 个元素,表示库所 i 的托肯数,库所的托肯(token)数目代表这个库所的局部状态,也就是这个局部状态变量的值。标识 M_i 是 Petri 网所描述的离散事件动态系统的整体状态中的第 i 个状态标识向量,以 M_0 表示一个 Petri 网的初始状态标识向量。

1. 基本 Petri 网结构定义

Petri 网是由库所、变迁、有向弧(arc)和托肯等组成的一种有向图。库所用于描述可能的系统资源状态(条件)。变迁用于描述改变系统状态的事件,事件是离散事件动态系统中的一系列活动(操作、变换)。事件的发生必须以一定的条件为前提(输入),并将产生一定的结果(输出),这些前提与结果都表示离散事件动态系统中的活动的状态。

定义 3.1　基本 Petri 网(petri net,PN)的结构是由 5 个元素描述的 1 个有向图,即

$$PN = (P, T, I, O, M_0) \tag{3.1}$$

式中:

(1) $P = \{p_1, p_2, \cdots, p_n\}$ 是库所的有限集合,$n > 0$ 为库所的个数;

(2) $T = \{t_1, t_2, \cdots, t_m\}$ 是变迁的有限集合,$m > 0$ 为变迁的个数;

(3) $P \bigcap T = \varnothing$(空集);

(4) $I: P \times T \rightarrow N$ 是输入函数,它定义了从 P 到 T 的有向弧的重复数或权的集合,这

里 $N=\{0,1,\cdots\}$ 为非负整数集；

（5）$O:T\times P\to N$ 是输出函数，它定义了从 T 到 P 的有向弧的重复数或权的集合，这里 $N=\{0,1,\cdots\}$ 为非负整数集；

（6）$\boldsymbol{M}_0$ 是系统的初始状态标识向量，表示离散事件动态系统的初始整体状态。

在离散事件动态系统中，Petri 网的库所 p 表示离散事件动态系统的局部状态，库所 p 用圆表示，P 表示离散事件动态系统的整体状态；变迁 t 用长方形或粗实线段表示，T 表示离散事件动态系统所有可能的事件。若从库所 p 到变迁 t 输入函数取值为非负整数 w，则记为 $I(p,t)=w$，若从变迁 t 到库所 p 的输出函数取值为非负整数 w，则记为 $O(p,t)=w$。若 $I(p,t)=0$，则表示事件 t 是否发生不取决于库所 p 的局部状态，亦即 p 与 t 之间无弧连接，否则，表示事件 t 的发生是以库所 p 的局部状态为前提条件，亦即 p 与 t 之间有弧连接；若 $O(p,t)=0$，则表示事件 t 的发生将不影响库所 p 的局部状态，亦即 t 与 p 之间无弧连接，否则表示事件 t 的发生将影响库所 p 的局部状态，亦即 t 与 p 之间有弧连接。

某一库所所表示的离散事件动态系统局部状态用库所中所包含的托肯的数目 $M_{(p)}$ 来表示（用库所 p 中的黑点来表示托肯），当库所中有托肯时，表示该库所所表示的局部状态被满足。托肯在所有库所中的分布情况称为 Petri 网的标识 M，它表示离散事件动态系统在某一时刻的整体状态，它为一个向量，其第 i 个元素表示第 i 个库所中的托肯数目。

本书中我们用 $\cdot t$ 表示 t 的所有输入库所的集合，用 $t\cdot$ 表示 t 的所有输出库所的集合。此外还用 $\cdot p$ 与 $p\cdot$ 分别表示库所 p 的输入与输出变迁。

Petri 网结构也可以用矩阵定义形式（matrix definitional form，MDF）描述，即

$$\mathrm{MDF}=(\boldsymbol{O},\boldsymbol{I},\boldsymbol{C},\boldsymbol{M}_0) \tag{3.2}$$

其中：输入矩阵 $\boldsymbol{I}$（input matrix）与输出矩阵 $\boldsymbol{O}$（output matrix）描述所有可能的状态与事件之间的关系，输入矩阵 $\boldsymbol{I}$ 描述事件发生的前提状态（输入），输出矩阵 $\boldsymbol{O}$ 描述事件发生所产生的结果状态（输出）；输出矩阵 $\boldsymbol{O}$ 与输入矩阵 $\boldsymbol{I}$ 之差 $C=\boldsymbol{O}-\boldsymbol{I}$ 称为关联矩阵（incidence matrix）；对于一个具有 n 个库所和 m 个变迁的 Petri 网，输入矩阵 $\boldsymbol{I}$ 和输出矩阵 $\boldsymbol{O}$ 均表示为 $n\times m$ 非负整数矩阵，矩阵的第 i 行、第 j 列的元素值为

$$对于输入矩阵：(\boldsymbol{I})_{ij}=I(p,t)$$

$$对于输出矩阵：(\boldsymbol{O})_{ij}=O(p,t)$$

例 3.1 一个 Petri 网的结构如图 3.1 所示。按照定义 3.1，该 Petri 网结构描述为如下。

库所有限集合为

$$P=\{p_1,p_2,p_3\}$$

变迁有限集合为

$$T=\{t_1,t_2\}$$

初始状态标识为

$$\boldsymbol{M}_0=(1,0,1)$$

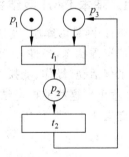

图 3.1　例 3.1 的 Petri 网结构

式中：

第一个元素为 $M_{0(p_1)}=1$；

第二个元素为 $M_{0(p_2)}=0$；

第三个元素为 $M_{0(p_3)}=1$。

输入与输出函数为

$$I(p_1,t_1)=1, \quad I(p_1,t_2)=0$$
$$I(p_2,t_1)=0, \quad I(p_2,t_2)=1$$
$$I(p_3,t_1)=1, \quad I(p_3,t_2)=0$$
$$O(p_1,t_1)=0, \quad O(p_1,t_2)=0$$
$$O(p_2,t_1)=1, \quad O(p_2,t_2)=0$$
$$O(p_3,t_1)=0, \quad O(p_3,t_2)=1$$

输入函数与输出函数也可以分别用下列矩阵表示

$$\boldsymbol{I}=\begin{bmatrix}1 & 0\\ 0 & 1\\ 1 & 0\end{bmatrix}, \quad \boldsymbol{O}=\begin{bmatrix}0 & 0\\ 1 & 0\\ 0 & 1\end{bmatrix}$$

而关联矩阵为

$$\boldsymbol{C}=\boldsymbol{O}-\boldsymbol{I}=\begin{bmatrix}-1 & 0\\ 1 & -1\\ -1 & 1\end{bmatrix}$$

2. 基本 Petri 网动态行为的定义

在 Petri 网中,以变迁 t 表示一个事件,用变迁的使能(enabling)表示事件发生的前提条件得以满足;用 t 的输入库所表示该事件的发生所需的局部前提状态,用由输入库所至 t 的输入函数定义这些局部前提状态要求实现的次数,而局部状态的实现情况由库所中所包含的托肯数目来表示。因此,t 的可激发不仅与其输入函数有关,而且与它的所有输入库所中的托肯数目有关。

定义 3.2 若变迁 $t \in T$ 在标识 $\boldsymbol{M}$ 下使能,当且仅当
$$\forall p \in \cdot t: M_{(p)} \geqslant I(p,t)$$

所有前提条件得以满足的事件发生,将"消耗"这些前提状态,同时改变与该事件有关的局部状态,即使得这些结果状态实现一定的次数。在 Petri 网中,我们用使能的变迁激发(fire)来描述事件的发生。所消耗的前提状态及其次数通过变迁的输入函数来定义,并以从输入库所中移去相应数量的托肯来表示;所产生的结果状态及其次数由输出函数确定,并用输出库所中增加相应的托肯来表示。由于输入库所中的托肯减少以及输出库所中的托肯增加,使得 Petri 网的状态标识发生变化。为此,引入以下变迁激发规则。

定义 3.3 在标识 $\boldsymbol{M}$ 下,可激发的变迁 t 的激发将产生新标识 $\boldsymbol{M}'$,即
$$\forall p \in P: M'_{(p)}=M_{(P)}-I(p,t)+O(p,t) \tag{3.3}$$
具体地

$$\forall p \in \cdot t: M'_{(p)}=M_{(P)}-I(p,t)$$
$$\forall p \in t \cdot : M'_{(p)}=M_{(P)}+O(p,t)$$
$$\forall p \in \cdot t \text{ 且 } p \in t \cdot : M'_{(p)}=M_{(P)}-I(p,t)+O(p,t)$$
$$\forall p \notin \cdot t \text{ 且 } p \notin t \cdot : M'_{(p)}=M_{(P)}$$

例 3.2 在图 3.1 所示的 Petri 网中,在初始状态标识 $\boldsymbol{M}$ 下,使能的变迁 t_1 激发后将产

生新的状态标识 M',具体计算过程如下。

变迁 t_1 的激发分别消耗库所 p_1 中的一个托肯和库所 p_3 中的一个托肯,同时在库所 p_2 中产生一个托肯,这些消耗与产生的托肯由 t_1 的输入函数与输出函数确定。

初始状态标识为

$$M = (1,0,1)$$

在初始状态标识下,变迁 t_1 的激发将产生如下新的状态标识

$$M'_{(p_1)} = M_{(p_1)} - I(p_1,t_1) + O(p_1,t_1) = 1 - 1 + 0 = 0$$

$$M'_{(p_2)} = M_{(p_2)} - I(p_2,t_1) + O(p_2,t_1) = 0 - 0 + 1 = 1$$

$$M'_{(p_3)} = M_{(p_3)} - I(p_3,t_1) + O(p_3,t_1) = 1 - 1 + 0 = 0$$

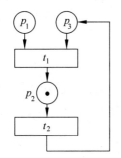

在初始标识 M 下,使能的变迁 t_1 激发后所产生的新的标识是

$$M' = (0,1,0)$$

变迁 t_1 激发后,Petri 网的状态标识的变化结果如图 3.2 所示。

Petri 网的动态行为也可以用矩阵状态方程来表示。在 Petri 网中,弧描述库所与变迁之间的关系,它可用 O 与 I 这两个矩阵表示,两者之差 $O-I$ 为关联矩阵 C。若用 M_k 表示第 k 次运行后 Petri 网的状态标识,一次运行可能包括若

图 3.2　例 3.1 的 Petri 网变迁 t_1 激发后的状态

干变迁的激发,一个变迁在一次运行中也可能激发多次,则第 $k+1$ 次运行后 Petri 网的状态标识表示为

$$M_{k+1} = M_k + C \cdot u_k \tag{3.4}$$

上式称为 Petri 网的矩阵状态方程(matrix state equation),它描述了由 Petri 网所决定的离散事件动态系统的动态行为特性,类似于经典控制理论中的连续变量动态系统状态方程。方程中的状态标识 M_{k+1} 和 M_k 都是 $(n \times 1)$ 列向量,n 为库所的个数;关联矩阵 C 为 $(n \times m)$ 矩阵,m 为变迁的个数;变迁激发向量(firing vectors)u_k 为 $(m \times 1)$ 列向量,其中第 i 个元素表示在第 $k+1$ 次运行中第 i 个变迁激发的次数,若一次运行仅包含激发某一变迁一次,即 u_k 只有一个元素是 1,其他元素都为 0。

由于所有库所中的托肯数是非负的,因此合法的运行(激发使能的变迁)将可以保证

$$M_{k+1} = M_k + C \cdot u_k \geqslant 0, \text{对于所有的 } k \geqslant 0$$

上式可以用于检验在 M_k 下激发某一变迁序列是否合法。

3.2.2　Petri 网的基本性能

Petri 网的基本性能建立了 Petri 网的性能与结构、行为之间的对应关系,因此对 Petri 网基本性能的研究,对于了解和分析 Petri 网的静态结构和动态行为具有重要的意义。Petri 网的基本性能主要包括可达性(reachability)、有界性(boundness)和安全性(safeness)、活性(liveness)以及冲突(conflict)等。

1. 可达性

对给定初始状态标识 M_0 的一个

$$PN = (P, T, I, O, M_0)$$

可达集 $R(M_0)$ 定义为此 Petri 网在初始状态标识 M_0 下按照激发规则可到达的所有状态标识的集合。

此定义表明,一个 Petri 网的可达集 $R(M_0)$,既取决于网的结构,也取决于网的初始标识。可达性主要用来验证离散事件动态系统两方面的性能。

(1) 验证系统在运行过程中能否实现一定的状态和抑制不期望的状态出现,如验证制造计划的可行性,即按照制造计划进行生产,能否完成规定的制造任务。

(2) 要求系统到达一定的状态,如何确定系统的运行轨迹,如生产调度问题。

2. 有界性和安全性

对给定初始状态标识 M_0 的一个

$$PN = (P, T, I, O, M_0)$$

称此 Petri 网为 k 有界的,如果对任一可达状态标识 $M \in R(M_0)$ 和任一库所 p,相应于状态标识 M 下的 Petri 网,库所 p 中的"托肯"数满足 $M(p) \leqslant k$,其中 k 为有限正整数。

若 $PN = (P, T, I, O, M_0)$ 为 1 有界的,则称此 Petri 网为安全的。实际上,对于 Petri 网,安全性是一种最为苛刻的有界性。

在制造系统中,库所可用于表示制造资源的存放区或缓冲区。确认这些存放区是否溢出(overflow)或资源的容量是否溢出是非常重要的。PN 的有界性是检查被 PN 所描述的系统是否存在溢出的有效尺度。

3. 活性

对于变迁 $t \in T$,在任一状态标识 $M \in R(M_0)$ 下,若存在某一变迁序列 s_r,该变迁序列的激发使得此变迁 t 使能,则称此变迁是活的。若一个 $PN = (P, T, I, O, M_0)$ 的所有变迁都是活的(live),则该 Petri 网是活的。

死变迁(dead transition)与死锁(deadlock)是从另一方面描述 Petri 网的活性。在状态标识 $M \in R(M_0)$ 下,若不存在从 M 开始的变迁序列,该序列的激发使得 t 使能,则变迁 t 称为死变迁。若存在 $M \in R(M_0)$,在此 M 下无任何变迁使能,则称 Petri 网包含一个死锁,该状态标识称为死标识(dead marking)。

死锁是指离散事件动态系统进入这样一种状态:此时没有任何过程能够进行。造成死锁的可能原因是多个活动共享资源或过程中资源分配不合理或过程中某些资源耗尽。死锁状态是离散事件动态系统最忌讳的现象,通常是系统设计不当或者资源整体配置不合理造成的,防止(prevention)与回避(avoidance)死锁的出现是离散事件动态系统建模的一个重要应用问题。

4. 冲突

对给定初始标识 M_0 的一个 $PN = (P, T, I, O, M_0)$,冲突是指这样的一种现象,如果 Petri 网的两个或多个变迁节点同时处于使能即具有激发权的状况,但由于共享某些输入库所节点,使"一个变迁节点的激发"导致"另一些变迁节点的不能激发"。本质上,冲突就是两个或多个事件之间的一种竞争资源现象。冲突的存在会导致离散事件动态系统的混乱,甚至离散事件动态系统停止运行。解决冲突的最简单的方法是为系统中每一个活动指定一个优先等级。因此,确定合理的优先权分配规则不仅对于解决冲突,而且对于提高整个系统的性能都是必要的。

3.2.3 制造过程的若干基本 Petri 网模型

制造过程元素与 Petri 网元素的对应关系,如表 3.1 所示。

表 3.1 制造过程元素与 Petri 网元素的对应关系

制造过程中的元素	Petri 网元素的对应关系表示方法
制造资源状态	库所
表示操作、过程或事件的开始或结束	变迁
生产或传输的数量(批量)	相应的有向弧的权重
资源的数量	资源库所中托肯的数量
缓冲区的容量	相应库所中托肯的数量
系统某一时刻的状态	Petri 网的标识

制造过程的若干基本 Petri 模型如下。

1. 顺序模型

顺序(sequential)模型描述某些制造活动(事件)的发生必须遵循一定的先后逻辑关系,即表示制造过程中的一个活动在另一个活动结束之后才得以发生。在制造过程中,顺序关系是常见的一种关系,如一个零件的两个连续加工的工序关系。这种顺序关系的 Petri 网模型如图 3.3 所示,变迁 t_2 的激发只能在变迁 t_1 激发后实现,因此变迁 t_1 与 t_2 的激发存在一个先后顺序约束关系。

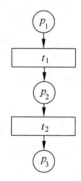

图 3.3 顺序关系的 Petri 网模型

2. 并发、异步与同步模型

在制造过程中,许多制造活动可以并列地进行,如制造某一产品,其不同的零部件可以安排在不同的机器上同时进行加工,这就是并发(concurrent or parallel)过程。

由于制造活动所需的时间不同,并列进行的多个制造活动完成的时间可能不同,例如,某一产品由多个零部件装配而成,这些零部件可以并行地进行加工,但是由于它们各自加工时间不同,所以它们不一定都在同一时刻完成,这就是异步(asynchronous)过程。

欲使一个变迁能激发,必须使其每一个输入库所中的托肯数(token)都不少于其相应弧的权数。如图 3.4 所示,变迁 t_1 的激发必须等待库所 p_1 得到托肯数。也就是说,变迁 t_1 激发的前提条件是三个输入库所必须同步地满足,这就是同步过程。

在制造过程中,普遍存在着并行、异步与同步的操作,例如某一个产品由两个零件装配而成,两个零件的加工过程是各自独立地并行进行的,相互之间不会产生干扰,但是装配过程只能在所有零件加工完毕后,才能进行装配操作。这两个零件的加工过程是并发异步的,通过装配的开始而同步。可以用图3.5所示的Petri网模型实现上述过程。

在图3.5的Petri网模型中,库所p_0表示这两个零件的原材料到达加工区,放在一个托盘中,变迁t_1表示加工系统将托盘中的两个零件的原材料分别放入不同的缓冲区库所p_1、p_4中,然后这两个零件开始并发异步地加工,当两个零件都到达变迁t_5时,才能进行装配,由此实现同步。

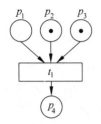

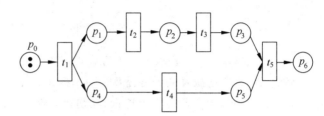

图3.4 同步Petri网模型　　　　　　图3.5 并行、异步和同步Petri网模型

3. 合并模型

从图3.6中,可以清楚地看出多个变迁指向同一个库所,这就是变迁的合并(merging)。如几个零件到达机床缓冲站等待同一台机床进行加工,或几个零件同时进入立体仓库,对此类情况均可用合并模型表示。

4. 资源竞争与冲突模型

在制造过程中,常见到两个或两个以上的操作共享同一资源,例如两台机器共享一套刀具。资源的竞争将导致冲突(conflict)。在Petri网模型中,资源的冲突表现为某一库所被两个或两个以上的变迁作为输入库所来共享。

在图3.7所示的Petri网模型中,变迁t_1、t_2同时激发,但是,这两个变迁都需要库所p_2,而模型中库所p_2的托肯数为1,即变迁t_1、t_2只能有一个被激发,待其中一个变迁完成后再进行第二个变迁的激发。此时,系统的设计人员或者调度人员必须设计一定的规则来决定优先选择哪个变迁。有时可以采取抛硬币的方法随机确定,正面朝上选择一个变迁激发,反面选择另外一个变迁激发。

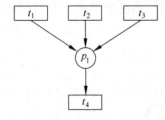

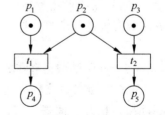

图3.6 合并Petri网模型　　　　　　图3.7 资源竞争Petri网模型

5. 缓冲区模型

缓冲区(buffer)是为两道工序之间提供暂时的工件存储空间,可以协调两道工序加工能力

的不平衡。例如,有两台加工设备 1 和 2,工件经过设备 1 加工后再由设备 2 进行加工,但是由于两台加工设备的加工时间不同,因此要在两台加工设备之间设置一个可以存放 k 个工件的缓冲区来进行工件的临时存储,这个工作过程可以用图 3.8 所示的 Petri 网模型来表示。

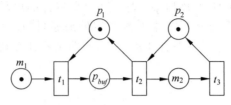

图 3.8 缓冲区 Petri 网模型

在图 3.8 中,库所 m_1 表示一个工件在设备 1 上完成加工,变迁 t_1 表示将加工完的工件放入缓冲区中,该变迁激发的条件是库所 m_1 提供 1 个托肯,并且库所 p_1(表示缓冲区中可供使用的存储空间)至少含有 1 个托肯,在初始状态下,库所 p_1 中包含 k 个托肯(表示缓冲区容量大小)。

当条件满足时,变迁 t_1 的激发导致库所 m_1 和 p_1 各减少一个托肯,同时库所 p_{buf} 增加一个托肯(表示缓冲区增加 1 个工件)。

这时,如果库所 p_2 中有托肯(意味着设备 2 是空闲的),就可以激发变迁 t_2(表示将缓冲区中的工件放入设备 2 中)。变迁 t_2 的激发导致库所 p_2 和 p_{buf} 各减少一个托肯,同时库所 p_1 和 m_2(m_2 表示工件已安装在设备 2 上,准备加工)各增加一个托肯;如果库所 p_2 中无托肯(意味着设备 2 正忙),那么变迁 t_2 不能激发,工件只能滞留在缓冲区中;变迁 t_3 表示设备 2 已加工完工件。

当缓冲区已满时,即库所 p_{buf} 中有 k 个托肯,而库所 p_1 中无托肯,此时变迁 t_1 被抑制而不能被激发,设备 1 被堵塞(blocked),这种现象被称为缓冲区的溢出(overflow)。

3.3 面向对象的 Petri 网原理

3.3.1 问题的提出

基本 Petri 网能用图形化和结构化的方式描述系统的复杂逻辑关系和时序关系,又能基于数学方法对系统进行定量分析,因而在离散事件动态系统建模、分析与控制中得到广泛的应用。

但是,基本 Petri 网模型也存在如下一些局限性。

(1)当离散事件动态系统较为复杂时,基于基本 Petri 网的系统建模和分析的难度较大,会出现所谓的"状态空间爆炸"问题。为了克服基本 Petri 网的不足之处,人们对基本 Petri 网进行了扩展,形成了着色 Petri 网(colored petri net,CPN)。

着色 Petri 网保持了基本 Petri 网的结构特征,其库所集、变迁集和弧集的概念与基本 Petri 网的定义是一致的。着色 Petri 网不同于基本 Petri 网的地方是把系统中具有类似的要素(如机器、任务、活动等)合并,用同一个 Petri 网模型要素(库所或变迁或弧)来表示,并用 Petri 网模型要素的属性来区分同一类型系统要素的不同个体。在着色 Petri 网中,这些属性被称为颜色(color)。

虽然着色 Petri 网在描述复杂的大规模系统时,能减小 Petri 网的规模,显示其优越性,但着色 Petri 网会增加系统分析的复杂性,更为重要的是,着色 Petri 网与基本 Petri 网一样,并未从最本质的方法论上解决建模困难的问题。

(2) 基本 Petri 网模型是面向业务流程的,是一种结构化的建模方法。它过分依赖于被建模系统的表象,而系统的表象是多种多样的,所以它难以抓住系统的实质,缺乏模块化和柔性化,模型的可重用性和可维护性较差。

(3) 基本 Petri 网是一种面向问题的方法,其分析过程不关心今后的系统设计和实现过程,系统的问题模型和设计模型之间没有明显的联系,因而设计模型必须另外进行开发,造成了开发工作的脱节和重复,同时也缺乏使问题模型与设计模型保持一致性的手段。

面向对象的建模技术恰好可以克服上述缺点。面向对象的建模技术自提出以来,在制造、控制、计算机科学等领域得到了广泛的应用,其核心思想就是使问题空间和方法空间采用几乎相同的结构,并利用类与对象的概念,使得该方法具有抽象性、封装性、继承性、多态性等特点,大大方便了系统的建模。

3.3.2　面向对象的建模技术

面向对象的建模技术是面向对象技术的发展,与传统的结构化方法以系统中的数据及对数据处理的过程为研究中心不同,面向对象的建模技术既不是系统功能,也不是数据的分解过程,而是首先识别出与系统有关的对象,通过给对象定义属性,赋予操作(方法或服务),把该对象在系统中的活动特点描述出来;然后通过消息将对象之间的关系反映出来,并通过不断传递消息而使整个系统得以运行。

面向对象的建模技术使计算机解决问题的方式更加类似于人类的思维方式,更能直接地描述客观世界。

"对象"是客观世界中的实体在人们的概念世界中的体现。"对象"概念是相对的,一台机床可作为一个对象,一个车间,也可视为一个对象,复杂对象可由相对比较简单的对象构成,从某种意义上说,整个客观世界也是一个更为复杂的对象。

可以用一个简洁的公式来表示面向对象的建模技术,即

面向对象 ＝ 对象(属性及其服务的封装)＋ 分类 ＋ 继承 ＋ 基于消息的通信

其中:

属性表示对象所具有的特征的抽象,可理解为对象的状态,它只能由对象本身来修改;

服务(即方法,method)表示对象的行为特征,是对象接收到一个指令(即消息)时所执行的处理功能;

分类是对一个或几个相似对象的描述,它体现了从特殊到一般的归纳推理过程;

继承是对象从祖先处获得特征或方法的一种描述,它体现了从一般到特殊的演绎推理过程;

消息表示对象间通信的手段,它保证了对象具有极强的"黑盒"性。

在面向对象的建模技术中,对象(object)和消息(message)分别代表了事物及事物间的相互联系;分类(class)和继承(inheritance)是适应人类一般思维方式的事物结构表达方式;

属性(attribute)和方法(method)表现了事物的性质和行为。

面向对象的建模技术有如下两个基本特征。

1. 对象的封装性

封装是一种信息隐藏技术,它将对象的使用者与设计者分开。它的定义如下。

(1) 一个清楚的边界,所有对象的内部细节被限制在这个边界内。

(2) 一个接口,这个接口描述对象和其他对象之间的相互作用。

(3) 保护机制,对象的细节对外界是透明的,使其他对象不能直接操作它。

封装性使对象具有了相对的独立性和分布性,并且便于模型的维护。

2. 对象的继承性

继承是一种自动地共享类、子类、对象中属性和服务的机制。继承技术减少了建模工作量,为快速原型法的运用提供了基础。同时提高了模型的可重用性和可扩充性。

然而,面向对象的建模技术来源于软件程序开发的实际需要,它的理论基础、过程逻辑的形式化描述和数学分析能力尚不能完全满足离散事件动态系统的建模需要。

3.3.3 面向对象的 Petri 网模型定义

由前面论述可以看出,单纯采用 Petri 网或单纯利用面向对象的建模技术,都有其不足之处,这种不足反映到所建立的模型中则是一些缺陷。为了克服这些缺陷,韩国学者 Lee 等人将面向对象的建模技术与 Petri 网相结合,提出了面向对象的 Petri 网模型(object-oriented petri net,OOPN 模型)。

OOPN 模型不仅具有面向对象建模技术的模块化、可重用性等特点,而且具有 Petri 网强大的形式化描述能力和严谨的数学理论分析能力,还能将控制/决策知识(如调度规则等)融入到模型中。另外,当需要关注模型整体的行为时,我们只需了解 OOPN 模型中的对象的外部消息传递接口以及对象间的消息传递关系,而无需了解对象内部的活动和活动之间的关系,因此 OOPN 模型要比基本 Petri 网简洁得多。

简单地说,面向对象的 Petri 网模型(OOPN 模型)是这样的一种 Petri 网模型:根据面向对象的建模思想,把模型分割成若干个对象,对象之间通过消息传递实现相互通信;每一个对象则由对象的 Petri 网来描述,称为对象 Petri 网(object petri net,OPN),OPN 仅用来描述一个对象内部的状态和操作,这样就可以把状态的数量限制在可接受的范围内,而 OPN 与外界隔离。在这种方式的处理下,建模过程得到简化,模型的复杂度被显著地降低了,同时模型具有了模块化和可重用性的特点,更重要的是,它反映了系统的本质,不论系统如何变化,基本不影响到已建立的模型。

1. OOPN 的定义

从面向对象的观点看,一个 OOPN 模型是由相互通信的物理对象模型和这些物理对象间的相互关系组成的,例如柔性制造单元是由许多制造资源对象(加工设备、物流设备等)通过设施布局、生产工艺流程以及生产调度计划等连接在一起的,每一个物理对象(如车削中

心)都有自己的行为,行为可以用活动(即方法)和状态(即属性)来表示。因此,OOPN 模型的数学表达式定义为

$$OOPN = (O,R) \tag{3.5}$$

式中:

$$O = \{O_i, i = 1,2,\cdots,I\}$$
$$R = \{R_{ij}, i,j = 1,2,\cdots,I; i \neq j\}$$

式中:

i,j 为物理对象的 O_i 的索引;

I 为系统中的物理对象总数;

O_i 为物理对象 i 的 OPN 模型;

R_{ij} 为 O_i 与 O_j 之间的消息传递关系。

2. OPN 的定义

一个物理对象的 O_i(即 OPN 模型)的动态行为可以通过其内部的行为和外部的消息传递来表示,内部行为可以用 OPN 中的状态库所和活动变迁表示,外部消息传递可以通过消息库所在不同物理对象的 OPNs 间发送和接受消息来实现。为了简化模型和便于分析,本书的 OPN 模型采用着色 Petri 网的概念,即每个状态库所/消息库所都关联着一个颜色集合(颜色表示状态或消息的属性值),每个活动变迁根据输入的状态颜色或消息颜色做出相应的响应。着色 Petri 网保持了基本 Petri 网的结构特征,库所集、变迁集和弧集的定义与基本 Petri 网的概念相同,只是流动的数据具有多种属性,这些属性的组合就构成了颜色集合。

物理对象的 O_i(即 OPN 模型)的数学表达式定义为

$$O_i = (SP_i, AT_i, IM_i, OM_i, F_i, C_i) \tag{3.6}$$

式中:

SP_i 为物理对象的 O_i 的状态库所的有限集合;

AT_i 为物理对象的 O_i 的活动变迁的有限集合;

IM_i 为物理对象的 O_i 的输入消息库所的有限集合;

OM_i 为物理对象的 O_i 的输出消息库所的有限集合;

F_i 为物理对象的 O_i 的活动变迁与状态库所/消息库所之间的输入输出关系;

$C(SP_i)$ 为与物理对象的 O_i 的所有状态库所相关联的颜色集合;

$C(AT_i)$ 为与物理对象的 O_i 的所有活动变迁相关联的颜色集合;

$C(IM_i)$ 为与物理对象的 O_i 的所有输入消息库所相关联的颜色集合;

$C(OM_i)$ 为与物理对象的 O_i 的所有输出消息库所相关联的颜色集合。

3. 消息传递关系 R_{ij} 的定义

在面向对象的 Petri 网模型(OOPN 模型)中,物理对象之间的相互通信(例如,消息发送对象的 O_i 与消息接受对象的 O_j 之间的直接通信)是由消息传递关系 $R_{ij}(i \neq j)$ 表示的,其数学表达式定义为

$$R_{ij} = (OM_i, g_{ij}, IM_j) \tag{3.7}$$

式中：

　　g_{ij} 为一类特殊类型的变迁(被称为"门变迁")的有限集合,表示物理对象的 O_i 至物理对象的 O_j 的门变迁,控制/决策规则决定门变迁的激发；

　　OM_i 为物理对象的 O_i 的输出消息库所的有限集合；

　　IM_j 为物理对象的 O_j 的输入消息库所的有限集合。

3.4　OOPN 模型的建模及性能分析

3.4.1　OOPN 模型的建模流程

　　OOPN 已成为离散事件动态系统建模的主流工具之一。本节给出了制造过程的 OOPN 模型的建模流程及死锁分析算法,具体建模和分析示例请见第 4 章。

　　制造过程的 OOPN 模型的建模流程分为两个阶段。

　　第一阶段是制造过程的 OOPN 模型的建立阶段。该阶段主要是通过 OOPN 建模方法,抽象地表示制造过程中的各个组成要素以及各要素之间的联系,并反映和描述制造过程性能与制造过程要素及结构之间的关系。完善的模型能够帮助我们更好地理解和分析制造过程,同时也是对制造过程进行有效控制的前提与基础。具体模型建立过程如下。

　　(1) 对所要建模的制造过程进行总体需求分析,确定建模目的；确定 OOPN 模型中的对象类及其基本属性和方法；然后确定这些对象类之间的静态关系。

　　(2) 为每一个物理对象类构建一个 OPN 模型,即 $O_i(i=1,2,\cdots,I)$,以表示该物理对象类的内部动态行为和控制逻辑。

　　(3) 通过输入/输出消息库所,即消息传递关系 $R_{ij}(i,j=1,2,\cdots,I;i\neq j)$,连接所有相关联的 OPNs,就形成了制造过程的 OOPN 模型,该模型用以描述制造过程的整体逻辑关系。由于 OOPN 模型仅考虑物理对象类之间的关系,因此,模型的规模被降低了,模型的复杂度被简化了,便于后续的模型动态行为分析。具体的、特定的物理对象的 OPN 模型可以从它的上级类的 OPN 模型继承而来。

　　第二阶段是制造过程的 OOPN 模型的动态行为分析阶段。在运用 OOPN 模型对制造过程进行控制之前,必须对所建立的 OOPN 模型进行分析,主要分析是否存在冲突和死锁状态,以期获得良好的模型动态行为性能。冲突和死锁状态通常是 OOPN 模型设计不当或资源配置不合理造成的,是制造过程最忌讳的现象。当制造过程中发生冲突甚至死锁时,制造过程的部分或全部将处于停滞状态,无法继续工作,因此检测并避免冲突和死锁的出现是确保制造过程正常运行的基础。具体分析过程如下。

　　(1) 针对 OOPN 模型,进行资源冲突分析,解决资源冲突的最有效的方法是为 OOPN 模型中的每一个门变迁制订合理有效的控制/决策规则。

　　(2) 基于 OOPN 模型,为每一个通用物理对象类的 $O_i(i=1,2,\cdots,I)$,构建一个对象通信网络(object communication net,OCN)。针对每一个 OCN 模型,应用矩阵状态方程分析和检测 OCN 中是否存在死锁可能,若某一 OCN_i 被检测出存在死锁,则必须对该物理对象类的 OPN 和与之相关联的其他 OPNs 进行修改。

（3）经过动态行为性能分析后，得到没有冲突和死锁发生的 OOPN 模型，在此基础上，结合系统的物流、信息流的属性（即颜色集合），就构建出一个完善的、性能良好的 OOPN 模型。

3.4.2　OOPN 模型的死锁分析算法

死锁问题是制造过程性能分析的重点和难点之一。在 Petri 网模型中，死锁表现为至少存在一个等待环，环中的变迁处于互相等待彼此所占用资源的状态。死锁不仅使制造过程的部分环节处于瘫痪状态，而且还可能不断扩散，最终导致整个制造过程出现停滞。因此，对制造过程的 OOPN 模型进行死锁分析是制造过程建模流程中的必要步骤之一。

早期，基于 Petri 网的应用大多数都是使用图形化的可达树（reachability tree）方法检测 Petri 网模型中是否含有死锁过程。可达树是最直观的一种方法，它将 Petri 网运行的所有可达状态用树状的图形方式表示出来，图中的节点表示标识，带箭头的连线或连接弧表示变迁，箭头的起点所连接的状态标识通过箭头所代表的变迁激发后，产生箭头末端所连接的状态标识。这样，模型的可达性、有界性等性能指标很容易得到验证，一些不希望的运行状态也可以在可达树上找到，并对其父节点的使能变迁加以控制。

虽然可达树方法直观形象，但当被建模系统规模很大时，这种方法就会变得十分复杂，艰涩难懂。后来，研究者们开发了一种替代方法，即使用矩阵状态方程研究 Petri 网模型中的死锁问题。矩阵状态方程将 Petri 网模型中的状态标识和激发向量联系起来，因此，它可以描述 Petri 网模型的动态行为，可以依据简单的线性代数运算，就能很方便、准确地确定出 Petri 网模型中引起死锁的状态标识。

OOPN 模型是由每个物理对象类的 OPN 和对象类之间的输入/输出消息传递关系组成的。为了检测和避免 OOPN 模型中的死锁状态，首先要构建每个物理对象类的对象通信网（OCN），为了简化分析过程，将每个物理对象类的对象通信网中的其他物理对象暂时封装成具有相应状态库所的抽象对象；然后运用矩阵状态方程分析检测每个物理对象类的 OCN 中是否存在死锁状况，每个物理对象类的 OCN 无死锁发生，则整个 OOPN 模型也就无死锁；否则，就要查找死锁原因，并对 OOPN 模型进行针对性的修改。

OOPN 模型死锁分析算法的具体步骤如下。

步骤 1　对于 OOPN 模型中的每个物理对象类的 O_i，建立其相应的对象通信网 OCN_i，建立过程如下。

（1）从 O_i 的任意一个输出消息库所 om（om$\in OM_i$）出发，通过消息传递关系 R_{ij} 中的门变迁 g_{ij} 找到对应的 O_j 的输入消息库所 im（im$\in IM_j$），将 O_j 表示为一个具有状态库所 sp（sp$\in SP_j$）的抽象对象 AO_{ij}（sp），其中，sp 取决于完整的输入/输出关系 $IM_j - AT_j - SP_j$（即要全面考虑与变迁 AT_j 相关联的所有库所状态）。

（2）通过门变迁 g_{ij} 连接 O_i 的 om 和 AO_{ij}（sp）。

（3）对于 O_j，从其输入/输出关系 $SP_j - AT_j - OM_j$ 中找出输出消息库所 om（om$\in OM_j$）。

（4）如果（3）中得到的输出消息库所 om 等于（1）中 O_i 的输出消息库所，则停止（即物理对象类的 O_i 的对象通信网 OCN_i 构建完成），否则，转至（5）。

（5）通过消息传递关系 $R_{jj'}$（OM_j，$g_{jj'}$，$IM_{j'}$）（$j \neq j'$，$j' = 1, 2, \cdots, I$）中的门变迁 $g_{jj'}$

找到相应的 $O_{j'}$ 的输入消息库所 im($im \in IM_{j'}$)，将 $O_{j'}$ 表示为一个具有状态库所 sp($sp \in SP_{j'}$)的抽象对象类 $AO_{jj'}$(sp)，其中，sp 取决于完整的输入/输出关系 $IM_{j'} - AT_{j'} - SP_{j'}$。

（6）通过门变迁 $g_{jj'}$ 连接 O_j 的 om 和 $AO_{jj'}$(sp)。

（7）用 j' 替代 j，转至(3)。

步骤 2　基于矩阵状态方程对 O_i 的对象通信网 $OCN_i(i=1,2,\cdots,I)$ 进行死锁检测分析。基于矩阵状态方程的死锁检测算法的基本思想是：对于物理对象类的对象通信网，在任何可到达状态标识的情况下，对象通信网中没有活动变迁或门变迁被触发，即给定初始状态标识 M_0，设定可到达的目标状态标识 M_g，在对象通信网中可到达状态标识 M_k 最终无法到达目标状态标识 M_g，则该对象通信网发生死锁现象。

如果物理对象类的对象通信网发生死锁现象，则必须修改特定的物理对象类的 OPN 模型和与其相关联的其他物理对象类的控制逻辑关系。

基于矩阵状态方程的死锁检测步骤如下。

（1）将 O_i 的用图形化描述的对象通信网 OCN_i 模型转换为如下的矩阵定义形式的对象通信网模型

$$MDF = (\boldsymbol{O}, \boldsymbol{I}, \boldsymbol{C}, \boldsymbol{M}_0)$$

式中：

　$\boldsymbol{O} = [o_{ij}]_{n \times m}$ 是 n 行 m 列的输出矩阵，若 $p \in t \cdot$，则有 $o_{ij} = 1$，否则为 0；

　$\boldsymbol{I} = [i_{ij}]_{n \times m}$ 是 n 行 m 列的输入矩阵，若 $p \in \cdot t$，则有 $i_{ij} = 1$，否则为 0；

　n 表示状态库所和输入/输出消息库所的数量；

　m 表示活动变迁和门变迁的数量；

　$\boldsymbol{C} = (\boldsymbol{O} - \boldsymbol{I})$ 是 MDF 的关联矩阵；

　$\boldsymbol{M}_0$ 是系统的初始状态标识。

（2）设置 $k=0$，设置目标(最终)状态标识 M_g。

（3）使用矩阵状态方程计算下一状态标识 M_{k+1}，计算公式为

$$\boldsymbol{M}_{k+1} = \boldsymbol{M}_k + \boldsymbol{C} \cdot \boldsymbol{u}_k$$

式中：$\boldsymbol{u}_k$ 是变迁触发序列的激发向量(由活动变迁和门变迁组成)，当第 k 个活动变迁或门变迁触发时，$\boldsymbol{u}_k$ 中的相应元素置为 1，否则置为 0。

（4）如果 $\boldsymbol{M}_{k+1} = \boldsymbol{M}_g$，说明对象通信网 OCN_i 是活的，即 O_i 的 OCN 模型无死锁现象发生，停止死锁分析。否则，转到(5)。

（5）设置 $k=k+1$，返回到(3)。

（6）如果对象通信网 OCN_i 中可到达状态标识 $\boldsymbol{M}_{k+1}$ 最终无法到达目标状态标识 $\boldsymbol{M}_g$，则说明对象通信网发生死锁现象，则必须修改 O_i 的对象通信网 OCN_i 中的内部动态行为和与其相关联的其他物理对象类的 OPNs 的逻辑关系，然后返回到(1)。

第4章
CHAPTER 4
FMC的过程控制

4.1 机器人柔性制造单元简介

机器人柔性制造单元是在柔性制造单元基础上,应用高度自动化、智能化的工业机器人或机械手来完成物料的自动搬运、装夹和卸载等工作,并结合数控加工设备、自动化立体仓库和其他辅助设备而发展起来的先进智能制造系统,它具有更高的柔性、更高的可靠性和稳定性、更低的生产成本,能够根据任务的变化快速而方便地变更系统的软硬件,同时使用维护方便,占地面积小,系统结构简单,投资少,成为柔性制造单元的主要发展方向之一。

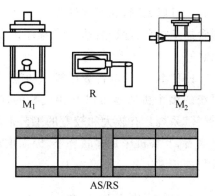

图 4.1　R-FMC 布局图

本章以一个机器人柔性制造单元(简称R-FMC)为例,重点介绍其制造过程的建模步骤和过程控制系统的实现。R-FMC 由一台工业机器人、两台数控机床(车铣复合加工中心)和一个简易的、小型的自动化立体仓库等构成,其布局如图 4.1所示。

R-FMC 中的各主要物理设备的具体结构和功能简介如下。

1. 工业机器人

R-FMC 中的工业机器人主要完成数控机床的上、下料以及机床与自动化立体仓库之间的物料搬运工作。

工业机器人本体部分由手爪、手腕、上臂、下臂、机身和机座组成,具有 6 个自由度,可作本体回旋、下臂前后摆动、上臂回旋、上臂上下摆动、手腕上下摆动、手腕回旋等动作。

工业机器人带有自身的控制柜,控制柜的主要功能是控制机器人完成预定任务,以及协调机器人与其他设备的关系,共同完成某一作业。工业机器人控制柜提供了以太网卡,可以使工业机器人接入以太网,实现工业以太网通信。

工业机器人在运行时分为示教模式和再现模式,先在示教模式下编写机器人的运动程序并存储在系统中,然后在再现模式下调用已有的程序使机器人按照已编制好的程序自动运行。

工业机器人还具有一些辅助功能,如感知功能、软件开发包等。感知功能(如机器视觉)可以使工业机器人能够适应外部环境的变化。工业机器人通过以太网,利用软件开发包,可以实现工业机器人与单元上位机之间的通信。

2. 车铣复合加工中心

车铣复合加工中心指的是在设备上能够实现多工序加工技术的总称,即当工件装夹完成后,能通过控制系统完成车削、铣削、钻削、键削等加工。换言之,车铣复合加工中心就相当于是一台数控车床和一台加工中心的复合。车铣复合加工中心对于加工复杂曲面、薄壁易变形、难加工材料及精度要求高的零件具有强有力的优势。

车铣复合加工中心的核心部件包括主轴系统、进给系统、高速动力切削主轴以及控制系统,除此之外,还包括一些自动化辅助功能,比如自动换刀系统、机床刀库、气动三爪卡盘、液压自动防护门、刀具磨损监测子系统以及工件尺寸在线测量子系统等,这些自动化功能为R-FMC 的实现提供了坚实的物质基础。

R-FMC 中的车铣复合加工中心配备有以太网卡,同时提供软件开发包。车铣复合加工中心通过以太网,利用软件开发包,可以实现机床与单元上位机之间的通信,这些通信信息包含加工指令、远程启动、NC 程序以及机床状态信息、刀具状态信息、工件状态信息、报警信息等。

R-FMC 中的两台数控机床功能相当,构成"互替"形式。所谓"互替"机床,就是指纳入系统的多个机床是可以互相代替的,物料可以在系统中任何一个空闲的机床上进行加工。"互替"系统具有较大和较宽的工艺范围,可以达到较高的时间利用率。从输入和输出的角度来看,互替机床是并联环节,因而增加了"互替"系统的可靠性,当某台机床发生故障时,系统仍能正常工作。

3. 自动化立体仓库

自动化立体仓库(automated storage and retrieval system,AS/RS),亦即人们常说的高架仓库、自动存储或者自动检索系统,如图 4.2 所示。自动化立体仓库是一种新型的集机械、电子、计算机、传感器和自动控制等多种技术于一体的仓储技术。自动化立体仓库具有入库、出库、移库和信息处理等功能。

自动化立体仓库具有普通仓库无可比拟的优越性。

首先,自动化立体仓库能提高空间利用率,减少占地面积,一般来说,其空间利用率是普通仓库的 2~5 倍。

其次,自动化立体仓库便于实现仓库的机械化和自动化。自动化立体仓库采用先进的自动化货物搬运输送设备,能快速准确地存取物料,提高物流效率和仓库周转能力,降低仓库运管成本和物流成本。

最后,自动化立体仓库提高了仓库管理水平。自动化立体仓库采用计算机系统进行管理,动态了解仓库的存储情况,能合理安排物料的出入库,减少库存,节约流动资金。

R-FMC 中的自动化立体仓库是一个简易的、小型的立体缓冲区,由一个立体货架、一个堆垛机、一个出入库台和 PLC 控制系统等组成。

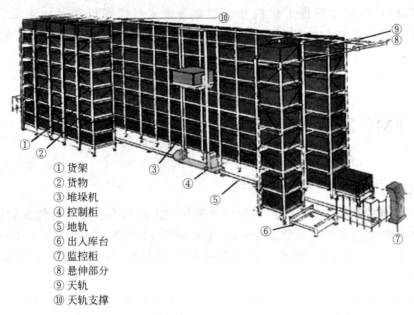

① 货架
② 货物
③ 堆垛机
④ 控制柜
⑤ 地轨
⑥ 出入库台
⑦ 监控柜
⑧ 悬伸部分
⑨ 天轨
⑩ 天轨支撑

图 4.2 自动化立体仓库示意图

1）立体货架

立体货架负责储存物料，它由许多层组成，每层又分为许多列。

2）堆垛机

堆垛机是整个自动化立体仓库的核心设备。自动化立体仓库的整体性能很大程度上取决于堆垛机的技术性能。堆垛机的运行速度、平稳性和认址精度与立体仓库的生产效率密切相关。堆垛机主要由运行机构、升降机构和伸叉机构（机械手臂）三部分组成，可实现三个自由度的运动。堆垛机结构简图如图 4.3 所示。

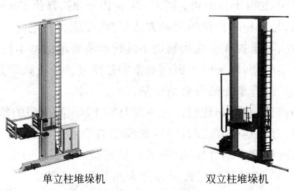

单立柱堆垛机　　　　双立柱堆垛机

图 4.3 堆垛机示意图

3）出入库台

R-FMC 中的立体仓库共享一个出入库台，该库台主要实现货物的运出和运入功能。

4）PLC 控制系统

PLC 控制系统控制堆垛机实现物料存入和取出等功能，其控制方式分为手动控制方式和自动控制方式。手动控制方式主要用于控制系统的安装、调试和故障排除；在自动控制方式下,PLC控制器根据上位机发来的命令确定目的库位和运行速度,自动精准地控制堆垛机执行系统的入库、出库或移库等操作,并在作业完成后,反馈信息给上位机。

4.2 R-FMC制造过程建模

4.2.1 制造过程建模综述

FMC的过程控制的主要任务是对智能决策层产生的调度指令进行任务分解、资源分配,并根据单元制造过程的实时状态变化,对单元制造过程中的相关制造活动的运行进行协调与控制。为了更好地表达、理解、控制和分析FMC的控制逻辑,首先要对FMC的制造过程进行建模。

FMC的制造过程的状态空间十分巨大,而且具有时间和空间上的离散性和不确定性,因此FMC的制造过程是一个典型的离散事件动态系统,它具有大量并发和异步活动的特点。由于Petri网采用可视化的图形描述和严密的数学分析理论,不仅能表达离散事件动态系统的静态结构和动态变化,而且能够定量分析、检查和解决诸如死锁现象、资源冲突、存储溢出等不期望的系统动态行为性能,因此基本Petri网和它的高级发展形式,如着色Petri网(colored petri net,CPN)和赋时Petri网(timed petri net,TPN),已被广泛地应用到离散事件动态系统的建模与控制中。

虽然基本Petri网和它的发展型(如CPN、TPN)采取了许多措施减少Petri网模型的规模,但是随着系统复杂性的增加,Petri网模型规模仍会呈指数级形式急剧扩大,这使得Petri网建模和分析工作变得十分困难;同时,基本Petri网、着色Petri网和赋时Petri网等都是面向业务流程的,是一种结构化的建模方法,它高度依赖特定的、具体的制造过程,因而缺乏模块化、可重用性、可维护性等现代制造系统建模所要求的基本特性。虽然面向对象的建模方法能够解决上述问题,但是由于面向对象的建模方法缺乏数学分析能力,因而它不能对系统的动态行为性能进行事先的分析与评估。

面向对象的Petri网(OOPN)建模方法不仅具有Petri网模型的特性(如图形化表达和数学分析能力)和面向对象建模方法的特性(如高度的模块化、柔性化、可重用性、可维护性等),而且还可以在系统模型中结合控制/决策的规则和知识。

FMC制造过程的OOPN模型建模过程分为如下两个步骤。

步骤1 构建一个OOPN模型。OOPN模型包含FMC中每个物理对象类(而不是具体物理对象)的内部动态行为和这些物理对象类之间的输入/输出消息传递关系。按这种方法所构建的OOPN模型降低了模型的规模,简化了模型的复杂度,便于后续的模型动态行为性能分析;同时,各物理对象类的OPN模型,对于FMC中的相对应的具体物理对象具有通用性,即FMC中的各个具体物理对象可以通过继承通用的物理对象类的OPN模型来构建具体物理对象的OPN模型。

步骤2 针对所建立的OOPN模型,进行模型的动态行为性能分析。OOPN模型的动态行为性能分析主要包括冲突事件分析和死锁检测分析。在无冲突、无死锁行为的 OOPN 模型的基础上,结合物流、信息流的属性(即颜色集合),就可构建出一个完善的、性能良好的 OOPN 模型。

下面我们结合 R-FMC 实例,详细介绍其制造过程的 OOPN 模型建模过程。

4.2.2 OOPN 模型的建立

我们分两步对 R-FMC 制造过程的 OOPN 模型进行建模。首先,建立 R-FMC 中各个物理对象类的 OPN 模型;其次,将 OPNs 看作抽象的对象库所,通过门变迁将这些 OPNs 中的每一个"输出/输入消息库所对"连接起来,这样就建立了 OOPN 模型。OOPN 模型充分反映了物理对象类的 OPN 模型之间的关系,并把各个物理对象类连接成为一个统一的整体。

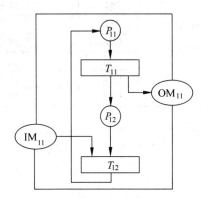

图 4.4 物料对象类的 OPN 模型

1. 物理对象类的 OPN 模型

在 R-FMC 示例中,一共有四种物理对象类,它们分别是物料对象类、机床对象类、机器人对象类和 AS/RS(自动化立体缓冲区)对象类。

1) 物料对象类的 OPN 模型

物料对象类的 OPN 模型如图 4.4 所示,物料对象类的 OPN 模型要素定义如表 4.1 所示。

表 4.1　物料对象类的 OPN 模型要素定义

状态库所	P_{11}	物料在 AS/RS 中等待加工
	P_{12}	物料正在被加工
活动变迁	T_{11}	物料申请机床加工
	T_{12}	物料某一工序加工完成
消息库所	OM_{11}	物料请求机床加工
	IM_{11}	物料某一工序已完成加工

2) 机床对象类的 OPN 模型

机床对象类的 OPN 模型如图 4.5 所示,机床对象类的 OPN 模型要素定义如表 4.2 所示。

表 4.2　机床对象类的 OPN 模型要素定义

	P_{21}	机床的状态
	P_{22}	机床准备就绪(如门开、三爪卡盘开等),等待上料
状态库所	P_{23}	机床三爪卡盘已夹紧
	P_{24}	机床加工结束
	P_{25}	机床准备就绪,等待下料
	P_{26}	机床三爪卡盘已松开

续表

活动变迁	T_{21}	机床申请机器人上料
	T_{22}	机床夹紧三爪卡盘
	T_{23}	机床门关,启动加工
	T_{24}	机床申请机器人下料
	T_{25}	机床松开三爪卡盘
	T_{26}	机床复位
消息库所	IM_{21}	物料申请机床加工
	IM_{22}	机器人通知机床:已上料至机床三爪卡盘中
	IM_{23}	机器人通知机床:已退出机床
	IM_{24}	机器人请求机床松开三爪卡盘
	IM_{25}	机器人通知机床:下料完成,已退出机床
	OM_{21}	机床申请机器人上料
	OM_{22}	机床通知机器人:已夹紧机床三爪卡盘
	OM_{23}	机床申请机器人下料
	OM_{24}	机床通知机器人:已松开机床三爪卡盘

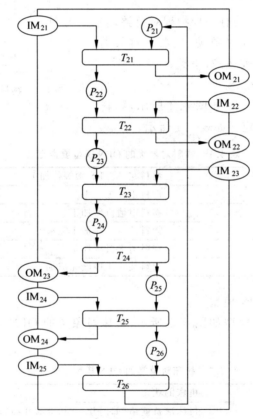

图 4.5　机床对象类的 OPN 模型

3) 机器人对象类的 OPN 模型

机器人对象类的 OPN 模型如图 4.6 所示,机器人对象类的 OPN 模型要素定义如表 4.3 所示。

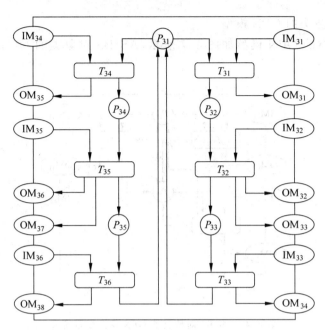

图 4.6　机器人对象类的 OPN 模型

表 4.3　机器人对象类的 OPN 模型要素定义

	P_{31}	机器人的状态
	P_{32}	机器人等待物料出库
状态库所	P_{33}	机器人上料至机床三爪卡盘中
	P_{34}	机器人抓住机床三爪卡盘中的物料
	P_{35}	机器人准备将物料放至 AS/RS 的出入库台上
	T_{31}	机器人请求 AS/RS 执行物料出库作业
	T_{32}	机器人从 AS/RS 的出入库台上取走物料,并上料至机床
活动变迁	T_{33}	机器人完成机床上料,并退出机床
	T_{34}	机器人开始从机床下料
	T_{35}	机器人完成机床下料,并退出机床
	T_{36}	机器人将物料存放在 AS/RS 的出入库台上
	IM_{31}	机床申请机器人上料
	IM_{32}	AS/RS 通知机器人:已将物料存放在出入库台上
	IM_{33}	机床通知机器人:已夹紧机床三爪卡盘
	IM_{34}	机床申请机器人下料
	IM_{35}	机床通知机器人:已松开机床三爪卡盘
	IM_{36}	AS/RS 通知机器人:可以将物料存放在出入库台上
消息库所	OM_{31}	机器人请求 AS/RS 执行物料出库作业
	OM_{32}	机器人通知 AS/RS:已从出入库台取走物料
	OM_{33}	机器人申请机床夹紧三爪卡盘
	OM_{34}	机器人通知机床:已退出机床
	OM_{35}	机器人申请机床松开三爪卡盘
	OM_{36}	机器人通知机床:已退出机床
	OM_{37}	机器人请求 AS/RS 执行物料入库作业
	OM_{38}	机器人通知 AS/RS:已将物料存放在出入库台上

4）AS/RS 对象类的 OPN 模型

AS/RS 对象类的 OPN 模型如图 4.7 所示，AS/RS 对象类的 OPN 模型要素定义如表 4.4 所示。

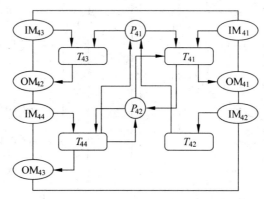

图 4.7　AS/RS 对象类的 OPN 模型

表 4.4　AS/RS 对象类的 OPN 模型要素定义

状态库所	P_{41}	AS/RS 的出入库台的状态
	P_{42}	AS/RS 堆垛机的状态
活动变迁	T_{41}	AS/RS 完成物料出库作业
	T_{42}	AS/RS 的出入库台上的物料已被机器人取走
	T_{43}	AS/RS 通知机器人可以将物料存放在出入库台上
	T_{44}	AS/RS 完成物料入库作业
消息库所	IM_{41}	机器人请求 AS/RS 执行物料出库作业
	IM_{42}	机器人已从 AS/RS 的出入库台上取走物料
	IM_{43}	机器人请求 AS/RS 执行物料入库作业
	IM_{44}	机器人已将物料存放在 AS/RS 出入库台上
	OM_{41}	AS/RS 通知机器人：已将物料存放在出入库台上
	OM_{42}	AS/RS 通知机器人：可以将物料存放在出入库台上
	OM_{43}	物料某一工序已加工完成

2. R-FMC 制造过程的 OOPN 模型

通过一类特殊的门变迁（门变迁的激发是由控制/决策规则决定的），将 R-FMC 中所有物理对象类的 OPNs 中相关联的每对"输出/输入消息库所"连接起来，就构成如图 4.8 所示的完整的 R-FMC 制造过程的 OOPN 模型。例如，物料对象类的 OPN 模型通过输出/输入消息库所对（即 OM_{11}-G_1-IM_{21}），将"物料申请机床加工"的消息发送到机床对象类的 OPN 模型中；机床对象类的 OPN 模型接到物料对象类请求加工的消息后，通过输出/输入库所对（即 OM_{21}-G_2-IM_{31}），将"机床请求机器人上料"的消息发送到机器人对象类的 OPN 模型中；机器人对象类的 OPN 模型接到机床对象类请求机器人上料的消息后，通过输出/

输入消息库所对(即 OM_{31}-G_3-IM_{41}),将"机器人申请 AS/RS 执行物料出库"的消息发送到 AS/RS 对象类的 OPN 模型中;AS/RS 对象类的 OPN 模型接到机器人对象类申请物料出库的消息后,完成物料出库作业,然后通过输出/输入消息库所对(即 OM_{41}-G_4-IM_{32}),将 "AS/RS 完成物料出库任务"的消息发送到机器人对象类的 OPN 模型中。

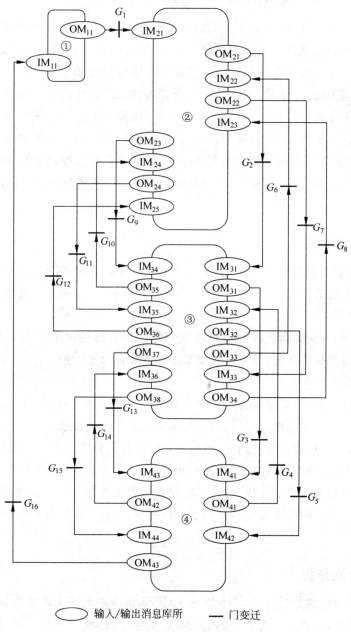

输入/输出消息库所 —— 门变迁

① 物料对象 ② 机床对象 ③ 机器人对象 ④ AS/RS 对象

图 4.8 R-FMC 制造过程的 OOPN 模型

R-FMC 制造过程的 OOPN 模型中的有向弧上流动着颜色集合,即数据属性集合(如物料编码、工序编码、机床编码、NC 程序编码、刀具编码、仓库及库位编码等)。数据属性一般从生产订单中获取。数据属性集合代表着不同资源的组合,即颜色组合。因此,采用着色方法可以极大地降低 OOPN 建模的复杂性和 OOPN 模型的规模。

4.2.3　OOPN 模型的动态行为分析

R-FMC 具有高效生产多品种、小批量产品的特点,其工艺路线和设备的使用较为灵活,因此在其运行过程中,多个生产任务可在单元中并行地进行加工,这样就会产生多个并发(concurrent)活动竞争单元中有限的、共享的制造资源(如加工设备、物料搬运设备、仓储设施等),从而导致单元中出现资源冲突,甚至呈现出一组并发活动相互等待彼此所占用资源的"循环等待"(circular wait)现象,即死锁状态。死锁的发生可使R-FMC 部分运行处于瘫痪状态,甚至最终导致整个单元运行停滞,生产无法正常进行,严重影响单元的整体生产效率。因此检测和避免资源冲突与过程死锁是 R-FMC 控制系统正常运行的必要前提条件,同时也是 R-FMC 制造过程建模中的不可或缺的重要组成步骤。

1. 冲突解决策略

在 R-FMC 的运行过程中,一个有限能力的资源可能要为多个并发任务服务,但常常是,一个有限能力资源在同一时刻只能为其中一个任务服务,这种多个任务对同一资源的竞争将导致冲突的发生。

在 Petri 网中,冲突是指这样的一种现象,如果 Petri 网的两个或多个变迁节点同时处于使能,即具有激发权的状况,但由于共享某些输入库所节点,使"一个变迁节点的激发"导致"另一些变迁节点不能激发"。

在 OOPN 模型中,解决冲突的最有效的方法是为连接物理对象 OPN 的每个门变迁制订合理有效的控制/决策规则,通过这些规则策略控制门变迁的激发。例如,多个物料在同一时刻申请在同一台机床上进行加工,但机床在同一时刻只能加工一个物料,这时就需要在门变迁中制订合理的优先权规则;再比如,两台机床在同一时刻要求同一台机器人为之服务,这时就需要在门变迁中制订优先级规则,保证机器人在同一时刻只能为一台机床服务。因此,确定合理的优先权分配规则不仅对于解决冲突,而且对于提高整个系统的性能都是必要的。

2. 死锁检测分析

为了说明死锁检测分析过程,本章以 R-FMC 示例中的机器人设备为例,采用 3.4.2 节中的死锁检测算法,对机器人对象类的 OCN(对象通信网)模型进行死锁检测分析,具体分析步骤如下。

(1) 根据机器人对象类的 OPN 模型,构建机器人相应的对象通信网(OCN)模型,如图 4.9 和表 4.5 所示。假设初始状态标识 M_0 下,机器人对象类 OCN 模型的库所 P_{31}、Buf、IM_{31} 和 IM_{34} 中各有一个托肯。

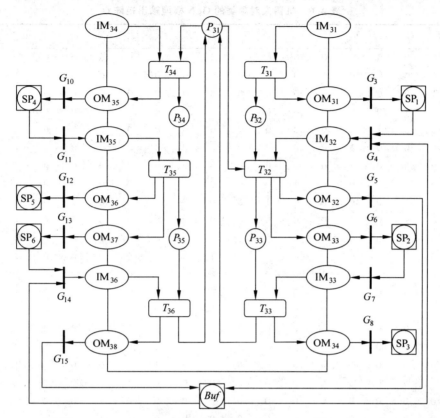

图 4.9 机器人对象类的 OCN 模型

表 4.5 机器人对象类的 OCN 模型要素定义

物理对象的 状态库所	SP_1	机器人请求 AS/RS 执行物料出库作业
	SP_2	机床已夹紧三爪卡盘
	SP_3	机器人完成上料,退出机床,机床可以加工
	SP_4	机床松开三爪卡盘
	SP_5	机器人完成下料,退出机床,机床复位
	SP_6	机器人请求 AS/RS 执行物料入库作业
	Buf	AS/RS 的出入库台的状态

（2）将图 4.9 所示的机器人对象类的图形化的 OCN 模型转化为矩阵定义形式的 OCN 模型,即

$$\text{MDF} = (\boldsymbol{O}, \boldsymbol{I}, \boldsymbol{C}, \boldsymbol{M}_0)$$

其中：机器人对象类 OCN 模型的输出矩阵 $\boldsymbol{O}$、输入矩阵 $\boldsymbol{I}$ 和关联矩阵 $\boldsymbol{C}$ 如表 4.6、表 4.7 和表 4.8 所示；机器人对象类 OCN 模型的初始状态标识 $\boldsymbol{M}_0$ 的数学表达式为

$$\boldsymbol{M}_0 = (100000000000011100000000000)^\mathrm{T}$$

设置机器人对象类 OCN 模型的目标状态标识 $\boldsymbol{M}_g$ 的数学表达式为

$$\boldsymbol{M}_g = (000000000000011000000000000)^\mathrm{T}$$

表 4.6　机器人对象类的 OCN 模型输出矩阵 O

	T_{31}	G_3	G_4	T_{32}	G_5	G_6	G_7	T_{33}	G_8	T_{34}	G_{10}	G_{11}	T_{35}	G_{12}	G_{13}	G_{14}	T_{36}	G_{15}
IM_{31}	0	0	0	0	0	0	0	0	0	0	0	0	0	0	0	0	0	0
OM_{31}	1	0	0	0	0	0	0	0	0	0	0	0	0	0	0	0	0	0
P_{32}	1	0	0	0	0	0	0	0	0	0	0	0	0	0	0	0	0	0
SP_1	0	1	0	0	0	0	0	0	0	0	0	0	0	0	0	0	0	0
IM_{32}	0	0	1	0	0	0	0	0	0	0	0	0	0	0	0	0	0	0
OM_{32}	0	0	0	1	0	0	0	0	0	0	0	0	0	0	0	0	0	0
OM_{33}	0	0	0	1	0	0	0	0	0	0	0	0	0	0	0	0	0	0
SP_2	0	0	0	0	0	1	0	0	0	0	0	0	0	0	0	0	0	0
IM_{33}	0	0	0	0	0	0	1	0	0	0	0	0	0	0	0	0	0	0
P_{33}	0	0	0	1	0	0	0	0	0	0	0	0	0	0	0	0	0	0
OM_{34}	0	0	0	0	0	0	0	1	0	0	0	0	0	0	0	0	0	0
SP_3	0	0	0	0	0	0	0	0	1	0	0	0	0	0	0	0	0	0
Buf	0	0	0	0	1	0	0	0	0	0	0	0	0	0	0	0	0	1
P_{31}	0	0	0	0	0	0	0	1	0	0	0	0	0	0	0	0	1	0
IM_{34}	0	0	0	0	0	0	0	0	0	0	0	0	0	0	0	0	0	0
P_{34}	0	0	0	0	0	0	0	0	0	1	0	0	0	0	0	0	0	0
OM_{35}	0	0	0	0	0	0	0	0	0	1	0	0	0	0	0	0	0	0
SP_4	0	0	0	0	0	0	0	0	0	0	1	0	0	0	0	0	0	0
IM_{35}	0	0	0	0	0	0	0	0	0	0	0	1	0	0	0	0	0	0
P_{35}	0	0	0	0	0	0	0	0	0	0	0	0	1	0	0	0	0	0
OM_{36}	0	0	0	0	0	0	0	0	0	0	0	0	1	0	0	0	0	0
SP_5	0	0	0	0	0	0	0	0	0	0	0	0	0	1	0	0	0	0
OM_{37}	0	0	0	0	0	0	0	0	0	0	0	0	0	1	0	0	0	0
SP_6	0	0	0	0	0	0	0	0	0	0	0	0	0	0	1	0	0	0
IM_{36}	0	0	0	0	0	0	0	0	0	0	0	0	0	0	0	1	0	0
OM_{38}	0	0	0	0	0	0	0	0	0	0	0	0	0	0	0	1	0	0

表 4.7　机器人对象类的 OCN 模型输入矩阵 I

	T_{31}	G_3	G_4	T_{32}	G_5	G_6	G_7	T_{33}	G_8	T_{34}	G_{10}	G_{11}	T_{35}	G_{12}	G_{13}	G_{14}	T_{36}	G_{15}
IM_{31}	1	0	0	0	0	0	0	0	0	0	0	0	0	0	0	0	0	0
OM_{31}	0	1	0	0	0	0	0	0	0	0	0	0	0	0	0	0	0	0
P_{32}	0	0	0	1	0	0	0	0	0	0	0	0	0	0	0	0	0	0
SP_1	0	0	1	0	0	0	0	0	0	0	0	0	0	0	0	0	0	0
IM_{32}	0	0	0	1	0	0	0	0	0	0	0	0	0	0	0	0	0	0
OM_{32}	0	0	0	0	1	0	0	0	0	0	0	0	0	0	0	0	0	0
OM_{33}	0	0	0	0	0	1	0	0	0	0	0	0	0	0	0	0	0	0
SP_2	0	0	0	0	0	0	1	0	0	0	0	0	0	0	0	0	0	0
IM_{33}	0	0	0	0	0	0	0	1	0	0	0	0	0	0	0	0	0	0
P_{33}	0	0	0	0	0	0	0	1	0	0	0	0	0	0	0	0	0	0
OM_{34}	0	0	0	0	0	0	0	0	0	1	0	0	0	0	0	0	0	0
SP_3	0	0	0	0	0	0	0	0	0	0	0	0	0	0	0	0	0	0
Buf	0	0	1	0	0	0	0	0	0	0	0	0	0	0	0	1	0	0

续表

	T_{31}	G_3	G_4	T_{32}	G_5	G_6	G_7	T_{33}	G_8	T_{34}	G_{10}	G_{11}	T_{35}	G_{12}	G_{13}	G_{14}	T_{36}	G_{15}
P_{31}	0	0	0	1	0	0	0	0	0	1	0	0	0	0	0	0	0	0
IM_{34}	0	0	0	0	0	0	0	0	0	1	0	0	0	0	0	0	0	0
P_{34}	0	0	0	0	0	0	0	0	0	0	0	1	0	0	0	0	0	0
OM_{35}	0	0	0	0	0	0	0	0	0	0	1	0	0	0	0	0	0	0
SP_4	0	0	0	0	0	0	0	0	0	0	0	1	0	0	0	0	0	0
IM_{35}	0	0	0	0	0	0	0	0	0	0	0	0	1	0	0	0	0	0
P_{35}	0	0	0	0	0	0	0	0	0	0	0	0	0	0	0	0	1	0
OM_{36}	0	0	0	0	0	0	0	0	0	0	0	0	0	1	0	0	0	0
SP_5	0	0	0	0	0	0	0	0	0	0	0	0	0	0	0	0	0	0
OM_{37}	0	0	0	0	0	0	0	0	0	0	0	0	0	0	1	0	0	0
SP_6	0	0	0	0	0	0	0	0	0	0	0	0	0	0	0	1	0	0
IM_{36}	0	0	0	0	0	0	0	0	0	0	0	0	0	0	0	1	0	0
OM_{38}	0	0	0	0	0	0	0	0	0	0	0	0	0	0	0	0	0	1

表 4.8　机器人对象类的 OCN 模型关联矩阵 $C=O-I$

	T_{31}	G_3	G_4	T_{32}	G_5	G_6	G_7	T_{33}	G_8	T_{34}	G_{10}	G_{11}	T_{35}	G_{12}	G_{13}	G_{14}	T_{36}	G_{15}
IM_{31}	-1	0	0	0	0	0	0	0	0	0	0	0	0	0	0	0	0	0
OM_{31}	1	-1	0	0	0	0	0	0	0	0	0	0	0	0	0	0	0	0
P_{32}	1	0	0	-1	0	0	0	0	0	0	0	0	0	0	0	0	0	0
SP_1	0	1	-1	0	0	0	0	0	0	0	0	0	0	0	0	0	0	0
IM_{32}	0	0	1	-1	0	0	0	0	0	0	0	0	0	0	0	0	0	0
OM_{32}	0	0	0	1	-1	0	0	0	0	0	0	0	0	0	0	0	0	0
OM_{33}	0	0	0	1	0	-1	0	0	0	0	0	0	0	0	0	0	0	0
SP_2	0	0	0	0	0	1	-1	0	0	0	0	0	0	0	0	0	0	0
IM_{33}	0	0	0	0	0	0	1	-1	0	0	0	0	0	0	0	0	0	0
P_{33}	0	0	0	1	0	-1	0	0	0	0	0	0	0	0	0	0	0	0
OM_{34}	0	0	0	0	0	0	0	1	-1	0	0	0	0	0	0	0	0	0
SP_3	0	0	0	0	0	0	0	0	1	0	0	0	0	0	0	0	0	0
Buf	0	0	-1	0	1	0	0	0	0	0	0	0	0	0	0	-1	0	1
P_{31}	0	0	0	-1	0	0	0	1	0	-1	0	0	0	0	0	0	1	0
IM_{34}	0	0	0	0	0	0	0	0	0	-1	1	0	0	0	0	0	0	0
P_{34}	0	0	0	0	0	0	0	0	0	1	0	-1	0	0	0	0	0	0
OM_{35}	0	0	0	0	0	0	0	0	0	1	-1	0	0	0	0	0	0	0
SP_4	0	0	0	0	0	0	0	0	0	0	1	-1	0	0	0	0	0	0
IM_{35}	0	0	0	0	0	0	0	0	0	0	0	1	-1	0	0	0	0	0
P_{35}	0	0	0	0	0	0	0	0	0	0	0	0	1	0	0	0	-1	0
OM_{36}	0	0	0	0	0	0	0	0	0	0	0	0	1	-1	0	0	0	0
SP_5	0	0	0	0	0	0	0	0	0	0	0	0	0	1	0	0	0	0
OM_{37}	0	0	0	0	0	0	0	0	0	0	0	0	1	0	-1	0	0	0
SP_6	0	0	0	0	0	0	0	0	0	0	0	0	0	0	1	-1	0	0
IM_{36}	0	0	0	0	0	0	0	0	0	0	0	0	0	0	0	1	-1	0
OM_{38}	0	0	0	0	0	0	0	0	0	0	0	0	0	0	0	0	1	-1

（3）在初始状态标识 M_0 下，机器人对象类的活动变迁 T_{31} 和 T_{34} 同时被激发，即任务 1（机床 1 申请机器人下料）和任务 2（机床 2 申请机器人上料）同时被执行，此时变迁激发向量的数学表达式为

$$u_0 = (100000000100000000)^{\mathrm{T}}$$

通过矩阵状态方程可得下一状态标识为

$$M_1 = M_0 + C \cdot u_0 = (011000000000010011000000000)^{\mathrm{T}}$$

（4）根据步骤（3）中的计算方法，依次可得机器人对象类 OCN 模型如下的变迁激发向量和状态标识

$$u_1 = (010000000010000000)^{\mathrm{T}}$$

$$M_2 = M_1 + C \cdot u_1 = (001100000000010010100000000)^{\mathrm{T}}$$

$$u_2 = (001000000001000000)^{\mathrm{T}}$$

$$M_3 = M_2 + C \cdot u_2 = (001010000000000010010000000)^{\mathrm{T}}$$

在状态标识 M_3 下，由于机器人对象类 OCN 模型中的状态库所 P_{31} 的托肯数变为 0，因此机器人对象类 OCN 模型中的活动变迁 T_{32} 不能被激发，这是因为此时机器人资源被任务 1（机床 1 申请机器人下料）占用，因此机器人无法为任务 2（机床 2 申请机器人上料）从 AS/RS 的出入库台中取货，任务 2 不能继续进行，任务 2 要等待任务 1 释放机器人资源。

在状态标识 M_3 下，机器人对象类 OCN 模型中的状态库所 P_{34} 和消息库所 IM_{35} 各有一个托肯，因此任务 1（机床 1 申请机器人下料）可以继续执行，此时的变迁激发向量为

$$u_3 = (000000000000100000)^{\mathrm{T}}$$

通过矩阵状态方程，可得机器人对象类 OCN 模型的状态标识为

$$M_4 = M_3 + C \cdot u_3 = (001010000000000000001101000)^{\mathrm{T}}$$

在状态标识 M_4 下，机器人对象类 OCN 模型中的活动变迁 G_{12} 和 G_{13} 同时被激发，此时的变迁激发向量为

$$u_4 = (000000000000011000)^{\mathrm{T}}$$

通过矩阵状态方程，可得机器人对象类 OCN 模型的状态标识为

$$M_5 = M_4 + C \cdot u_4 = (001010000000000000001010100)^{\mathrm{T}}$$

在状态标识 M_5 下，机器人对象类 OCN 模型中的 AS/RS 对象状态库所 Buf 的托肯数为 0，即 AS/RS 的出入库台被任务 2（机床 2 申请机器人上料）占用，即 Buf 中的托肯数被任务 2 消耗掉了，因此门变迁 G_{14} 不能被激发，任务 1（机床 1 申请机器人下料）不能继续进行下去。此时，任务 1 等待任务 2 释放所占用的 AS/RS 的出入库台资源，而任务 2 也正在等待任务 1 释放所占用的机器人资源，两个任务彼此相互等待，整个单元生产无法正常进行，模型的目标状态标识无法到达，说明机器人对象类 OCN 模型发生死锁，必须修改机器人对象类 OCN 模型中的控制逻辑关系。

有两种方案可以修改机器人对象类 OCN 模型的控制逻辑以避免死锁。

第一种方案是增加 AS/RS 的出入库台。

第二种方案是断开机器人对象类 OCN 模型中的状态库所 P_{31} 到活动变迁 T_{32} 的弧连接，而修改为状态库所 P_{31} 到活动变迁 T_{31} 的弧连接，同时设置"机床申请机器人下料"优先级最高。

修改完机器人对象类 OCN 模型后,返回步骤(1),重新进行模型死锁检测分析。读者可以试着应用上述方法对修改后的机器人对象类 OCN 模型进行死锁检测分析,可知修改后的模型不会发生死锁,具有良好的性能。

(5) 对 OOPN 模型中剩余的物理对象类的 OCN 模型进行同样的死锁检测分析,无死锁发生,OOPN 模型也就无死锁。

4.3 R-FMC 的过程控制系统实现

4.3.1 过程控制系统体系结构设计

R-FMC 的过程控制系统采用递阶分布式控制结构,如图 4.10 所示,该控制结构分为单元控制层和设备控制层。

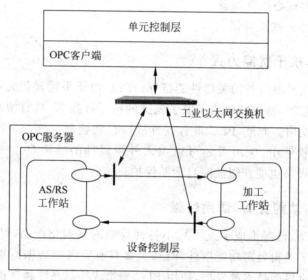

图 4.10 R-FMC 过程控制系统体系结构

单元控制层主要由单元上位机组成。单元控制层的主要功能是依据单元制造过程模型和制造过程实时监控信息,对调度指令进行任务分解、资源分配、订单下达,并对单元制造过程进行动态协调与控制。制造过程的实时监控信息主要是机床状态信息、刀具状态信息、物流状态信息、工件状态信息和系统安全信息等。

设备控制层由自动化立体仓库控制系统和加工工作站组成。其中,加工工作站包括两台数控机床的 CNC 系统和一台机器人的控制柜。设备控制层的主要功能是对设备进行控制和管理。

单元控制层与设备控制层之间通过交换式工业以太网实现互联互通。采用工业以太网技术实现控制系统的互联互通,是目前发展的主流方向。

单元控制层通过 OPC 规范与底层物理设备进行数据交换。例如,向底层物理设备下达生产作业指令、控制指令、参数配置、工艺数据等,从底层物理设备实时采集诸如设备运行状态、刀具运行状态、工件加工状态、加工工艺数据、订单生产进度、工序质量数据、诊断报警信息等数据。OPC 规范是一个与平台无关的、统一的、开放的、标准的和安全的数据互联接口规范,使用该规范可以保障数据交换不受系统生产厂家或系统型号新旧的限制,实现了不同类型系统和设备间的数据交换。OPC 规范可用于现场设备、控制系统和各种软件系统(MES、ERP)之中。

4.3.2 可编程逻辑控制器

可编程逻辑控制器(programmable logic controller,PLC)是在继电器顺序控制基础上发展起来的以微处理器为核心,综合了计算机技术、自动控制技术和通信技术的新一代通用工业控制装置。PLC 的诞生,是一个影响深远的工业发展节点,这个事件影响如此深远,以至于在德国工业 4.0 的演变史上,将其作为第三次工业革命的开始。在自动化控制世界中,没有哪个单一发明能像 PLC 那样对制造业产生如此巨大的影响。长期以来,PLC 始终是工业自动化领域中的核心控制设备。

PLC 具有如下的一些显著优点。

1. 可靠性高,抗干扰能力强

高可靠性是电气控制设备的关键性能指标。PLC 由于采用现代大规模集成电路技术,采用严格的生产工艺制造,内部电路采取了先进的抗干扰技术,具有很高的可靠性,适合在恶劣的现场环境中使用。此外,PLC 带有硬件故障自我检测功能,出现故障时可及时发出报警信息。在应用软件中,应用者还可以编入外围器件的故障自诊断程序,使系统中除PLC 以外的电路及设备也能获得故障自诊断保护。

2. 配套齐全,功能完善,适用性强

PLC 发展到今天,已经形成了大、中、小各种规模的系列化产品,可以用于各种规模的工业控制场合。除了逻辑处理功能以外,PLC 大多具有完善的数据运算能力,加上 PLC 通信能力的增强及人机界面技术的发展,使用 PLC 来组成控制系统越来越便捷。

3. 易用性高

PLC 作为通用工业控制计算机,它接口容易,编程语言易于为工程技术人员接受。梯形图语言的图形符号与表达方式和继电器电路图相当接近,只用 PLC 的少量开关量逻辑控制指令就可以方便地实现继电器电路的功能。为不熟悉电子电路、不懂计算机原理和编程语言的人使用计算机从事工业控制打开了方便之门。

作为一种工业控制的计算机,PLC 和普通计算机有着相似的结构。但是由于其使用场合、目的不同,在结构上又有一些差别。

PLC 硬件系统的基本结构框图如图 4.11 所示。

PLC 的硬件系统由主机和外部设备组成。

PLC 的主机由 CPU、存储器(EPROM、RAM)、输入/输出单元、外设 I/O 接口、通信接口及电源组成。对于整体式 PLC,这些部件都在同一个机壳内。而对于模块式 PLC,各部

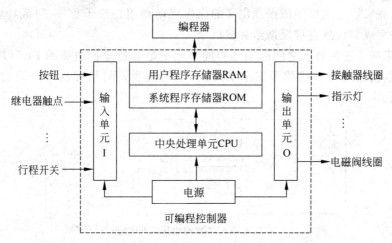

图 4.11　PLC 硬件系统的基本结构框图

件独立封装,称为模块,各模块通过机架和电缆连接在一起。

主机内的各个部分均通过电源总线、控制总线、地址总线和数据总线连接,根据实际控制对象的需要配备一定的外部设备,构成不同的 PLC 控制系统。

PLC 的常用外部设备有编程器、打印机、EPROM 写入器等。PLC 可以配置通信模块与上位机及其他的 PLC 进行通信,构成 PLC 的分布式控制系统。

PLC 的软件系统由系统程序和用户程序组成。

系统程序由 PLC 制造厂商设计编写,并存入 PLC 的系统存储器中,用户不能直接读写与更改。系统程序一般包括系统诊断程序、输入处理程序、编译程序、信息传送程序以及监控程序等。

PLC 的用户程序是用户利用 PLC 的编程语言,根据控制要求编制的程序。在 PLC 的应用中,最重要的是用 PLC 的编程语言来编写用户程序,以实现控制目的。

由于 PLC 是专门为工业控制而开发的装置,其主要使用者是广大电气技术人员,为了满足他们的传统习惯和掌握能力,PLC 的主要编程语言采用比计算机语言相对简单、易懂、形象的专用语言。

4.3.3　设备控制层的实现

设备控制层包含加工工作站控制系统和 AS/RS 控制系统。

1. 加工工作站控制系统的实现

加工工作站控制系统的主要功能是与单元上位机进行通信,同时协调数控机床与工业机器人之间的相互动作关系,实现加工工作站的自动化加工。

加工工作站中的数控机床和工业机器人分别通过工业以太网加 OPC 服务器与单元控制器进行相关数据交换。

在 R-FMC 中,驱动工业机器人上下料的控制命令是由数控机床的 PLC(PMC)直接发送给工业机器人的,而不经过单元上位机。工业机器人收到数控机床发送的请求上料或下料命令后,工业机器人主程序依据预定义的优先规则调用相应子程序,完成物料的上、下料任务,同时将完成的信息直接反馈给数控机床。

数控机床和工业机器人之间的动作协同实际上是通过数控机床的 PLC(PMC)与工业机器人的控制柜之间的直接信号握手实现的,工业机器人与数控机床之间的通信原理如图 4.12 所示。

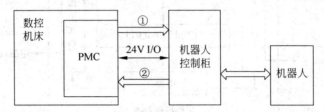

图 4.12　工业机器人与数控机床之间的通信原理图

在图 4.12 中,数控机床 PLC(PMC)和工业机器人控制柜之间通过硬件 I/O 接口即 24V 低电压电缆实现信号握手交互。图中的①表示数控机床的 PLC(PMC)通过预定义的辅助 M 指令向工业机器人的控制柜传递信息,以便工业机器人做出相应操作,如机床准备完成(如卡盘松开、门开等),工业机器人可以上料;机床卡盘已夹紧,工业机器人手爪可以松开并退出机床;机床准备完成(如门开等),工业机器人可以下料。图中的②表示工业机器人向数控机床发送的相关信号,如机器人请求机床三爪卡盘夹紧物料;机器人通知机床已完成上料并退出机床;机器人请求机床松开三爪卡盘;机器人通知机床已完成下料并退出机床。

2. AS/RS 控制系统的实现

AS/RS 控制系统应具有以下功能。

(1) 将出入库台上的物料送到立体仓库中的某一指定库位,即入库功能。

(2) 将立体仓库中某一指定库位的物料送到出入库台上,即出库功能。

(3) 将立体仓库中某一指定库位的物料送到另一指定的空库位中,即移库功能。

(4) 为了便于设备安全操作和日常维护,要求控制系统具有手动/自动两种控制方式。手动控制方式主要用于系统的调试;在自动控制方式下,单元上位机发出入库、出库或移库指令后,AS/RS 控制系统控制堆垛机实现物料的出入库或移库作业。为了这两种控制方式运行安全,它们之间为互锁关系。

AS/RS 控制系统选用西门子公司的 PLC 控制器,控制系统总体结构如图 4.13 所示。

西门子 PLC 控制器向上通过工业以太网加 OPC 服务器和单元上位机进行数据交换,如接受单元上位机的控制指令、上传 AS/RS 工作状态给单元上位机等。西门子推出专门用于西门子系列 PLC 的 OPC 服务器,如 SimaticNET 软件,SimaticNET 可以与任何符合 OPC 标准的 OPC 客户端通过工业以太网、Profibus 现场总线等工业控制网络进行通信,实现数据交换。

西门子 PLC 控制器向下经输出端口发出两路高频脉冲指令分别驱动两台步进电机,从而控制堆垛机在 X(横轴)Z(纵轴)平面内运动和精准定位。PLC 控制器通过控制脉冲个数来控制步进电动机角位移量,从而达到准确定位的目的,同时 PLC 控制器通过控制脉冲频

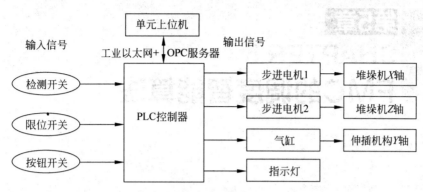

图 4.13　AS/RS 控制系统结构图

率来控制步进电动机转动的速度和加速度,从而达到调速的目的。当堆垛机移动到指定库位时,PLC 控制器通过气动方式控制堆垛机的伸插机构在 Y 方向(前后方向)伸出或缩回。X、Y、Z 三轴运动最终实现堆垛机的自动化入库、出库和移库等作业控制。

　　程序设计是控制系统功能实现的基础之一。根据 AS/RS 控制系统的功能要求,PLC 控制系统的程序流程主要包括一个主程序和数个子程序。主程序主要完成系统的初始化、堆垛机运行状态的判断、调用子程序等功能;子程序主要有手动控制子程序、自动控制子程序等;自动控制子程序包含出入库子程序和移库子程序等。

　　PLC 控制系统的主程序控制流程如下。

　　(1) 堆垛机启动进入运行状态后,首先检查系统故障和报警源。

　　(2) 如堆垛机无故障且处于空闲状态时,即可接受单元上位机发出的出入库或移库等指令,同时将堆垛机的状态设置为非空闲,不能接受新的指令。

　　在 PLC 控制系统的子程序中,以出库子程序为例,其控制过程如下。

　　(1) 当 PLC 控制系统接收到单元上位机发出的出库指令后,首先检查堆垛机是否在原点位置,若不在,则控制堆垛机返回原点。

　　(2) 接着判断单元上位机给出的目标物料库位是否有物料,若无物料,则进行相应的报警处理;否则,进一步判断出入库台上是否有物料,若出入库台上有物料,则进行相应的报警处理;否则,启动堆垛机执行出库作业。

　　(3) 堆垛机完成出库作业后,返回原点位置。同时,向单元上位机发送出库作业完成信息,并将堆垛机状态设置为空闲,以便接收新的出入库或移库指令。

　　在程序流程设计的基础上,采用西门子提供的编程软件对 PLC 控制系统进行硬件组态与软件编程。

第5章
CHAPTER 5
FMC的调度智能算法

5.1 车间调度问题综述

调度问题是指在合理的时间内,对系统中的有限资源进行合理地安排,使之尽可能以优良的性能完成预定的任务。调度问题几乎存在于各个领域,如企业运营、交通运输、医疗卫生、航空航天、网络通信、能源动力、计算机系统等。因此,对于调度问题的研究具有非常重要的理论意义和应用价值。

车间调度是指根据单个或多个调度目标和车间的环境状态,在尽可能满足约束条件(如工艺路线、资源状况、工件交货期等)的前提下,优化安排各个工件的工序所使用的资源、工序加工的先后顺序、工序加工的开始和结束时间,以便较好地完成制造企业运营层下达的生产计划。

车间调度具有如下的组织、指挥和控制职能。

(1)组织职能就是建立合理的调度组织体系,把车间制造过程中的各个要素和各个环节有机地组织起来,按照确定的生产计划组织生产,使制造过程有效地运行。

(2)指挥职能就是在车间制造过程中,随时收集信息,及时掌握生产进度与状况,进而有效地处理各种问题;同时,将制造过程中的各个环节有机地协调起来,使车间制造过程达到动态平衡,保证车间所有生产组成部分顺利运行。

(3)控制职能就是按照既定目标和标准对车间制造活动进行的监督和检查,发现偏差,找出原因,采取措施,加以调整纠正,保证预期的目标和标准得以实现。

车间调度属于制造系统执行层的控制,其根本任务是完成制造系统运营层下达的生产作业计划。生产计划是一种理想,属于静态范畴;车间调度则是对生产计划的实施,具有动态的含义。没有好的车间调度,再优的生产计划也难以产生好的生产效益。

科学地制订车间调度方案,对于缩短产品生产周期,降低生产成本,控制车间在制品库存,满足产品交货期,以及提高车间运行效率,起着至关重要的作用。车间调度是制造系统的核心功能,它将研发设计、人力资源、财务成本、生产计划、物料采购、生产质检、仓储运输等各个业务环节有机地协同起来,极大地优化了制造系统的制造过程,提升了制造系统的控制水平。

根据车间生产方式的不同,车间调度问题可分为以下两种基本类型。

1. 流水车间调度问题(flow shop scheduling problem,FSP)

加工系统有一组功能不同的机床,待加工的工件包含多道工序,每道工序在其中一台机床上加工,所有工件的加工路线都是相同的。每个工件工序之间有先后顺序约束。

2. 作业车间调度问题(job shop scheduling problem,JSP)

加工系统有一组功能不同的机床,待加工的工件包含多道工序,每道工序在一台机床上加工,工件的加工路线互不相同。每个工件的工序之间有先后顺序约束。流水车间调度问题可以看作是作业车间调度问题的一类特殊情形。

车间调度具有以下一些特点。

1. 多目标性

多目标性的含义有两个:一个含义是目标的多样性,即在不同的制造环境下,目标函数往往呈现出种类繁多、形式多样的特点,如完工时间最小、工件安装调整时间或安装调整成本最小、延期惩罚成本最小、设备利用率最高、生产成本最低、在制品库存量最少等;另外一个含义是多个目标需要同时得到满足,但是,许多目标之间往往是效益背反的,所谓效益背反就是此消彼长,此盈彼亏的现象,某一个或某一些目标的优化是以其他目标的损失为代价的。

2. 离散性

离散车间制造过程是典型的离散事件动态系统,工件的开始加工时间、任务的到达、订单的变更以及设备的增减或故障等都是离散事件。离散车间调度问题是离散优化问题,可以利用数学规划、排序理论、启发式规则、Petri网理论、离散事件系统仿真、人工智能等方法对离散车间调度问题进行研究。

3. 计算时间复杂性

车间调度是一个在若干等式和不等式约束下的组合优化问题,从计算时间复杂度来看是一个 NP-hard 问题(non deterministic polynomial hard,不确定多项式困难)。例如,在不考虑约束条件等情况下,10 个工序在 5 台机器上进行加工(小规模调度问题)的可能顺序就有 $(10!)^5 \approx 6 \times 10^{31}$。随着调度问题的规模和复杂性的增大,问题可行解的数量也呈指数级增加。因此,有些优化算法所需的计算时间和存储空间是人们难以接受的,也就是说,许多在算法上可解的问题但在实践中并不一定可解。

4. 动态不确定性

实际车间制造过程是一个纷繁复杂的动态过程,各种动态随机事件层出不穷,如计划订单的下达时间是动态变化的,各种突发事件(机器故障、急件插入、订单延迟或取消等)不断发生。车间生产过程中的这些动态不确定性因素往往导致计划不如变化快,因此需要不断地对生产计划进行重调度(即动态调度),以适应生产现场的状态变化。

上述特点使得车间调度成为越来越多的来自不同领域的研究人员的关注焦点。但是,多年来车间调度算法仍不能完全满足实际应用需要。

随着市场需求的全球化、新颖化、个性化和多样化的不断深入发展,传统的少品种、大批量制造方式越来越不能适应这一市场需求。为了更好地适应快速多变的市场环境,多品种、小批量的柔性定制化制造系统便应运而生。经典的作业车间调度问题不能直接应用于新的制造模式中,于是柔性作业车间调度问题(flexible job shop scheduling problem,FJSP)便成为研究热点。

柔性作业车间调度问题是经典作业车间调度问题的扩展,它突破了经典作业车间调度问题对资源唯一性的限制,每道工序可以在多台相同或不同的机床上进行加工,加工时间不一定相同,因此它提升了加工柔性,提高了设备利用率,缩短了生产周期,保证了生产稳定持续地进行。柔性作业车间调度问题不仅需要确定工序的加工顺序,还要为每道工序分配机器资源,因此,相对于传统的作业车间调度问题,它是更为复杂的 NP-hard 问题。

柔性作业车间调度问题更加符合当今的实际生产环境,对它的研究具有更为重要的理论价值和应用意义。

5.2 FMC 调度问题的模型和算法

5.2.1 FMC 调度问题的模型描述

FMC 调度问题属于柔性作业车间调度问题(FJSP)。FMC 调度优化问题的模型是实际调度问题的抽象描述,具体描述如下。

设有 n 个工件($J_1,J_2,\cdots,J_n$)准备进入系统在 m 台机器($M_1,M_2,\cdots,M_m$)上加工,每个工件由一道或多道工序组成,每道工序可以在多台不同的机器上加工,工序的加工时间随机器的不同而不同。

调度的目标是在满足一定约束条件下,为每道工序确定合适的机器,同时为每台机器上的工序安排最优的加工顺序,并为每道工序确定开工时间和完工时间,旨在最优化时间和成本方面的一个或多个目标函数。

时间和成本对制造企业管理决策至关重要,也是衡量车间调度优化效果的两个重要性能指标。下面给出在时间和成本两方面常用的调度优化目标函数。

1. 最大完工时间最小

完工时间是指每个工件最后一道工序完成的时间,其中最大的那个时间就是最大完工时间(make span),最大完工时间主要体现车间的生产效率。

设 C_i 是工件 J_i 的完工时间,则最大完工时间最小的目标函数为

$$\min\{\max C_i, i=1,2,\cdots,n\} \tag{5.1}$$

2. 机器最大负荷最小

在 FMC 调度求解中,存在选择机器的过程,各个机器的负荷随着不同的调度方案而不同。负荷最大的机器就是瓶颈设备,为提高每台机器的利用率,必须使得各台机器的负荷尽量小且平衡。

设 W_j 是机器 M_j 上的总加工时间,则机器最大负荷最小的目标函数为

$$\min\{\max W_j, j=1,2,\cdots,m\} \tag{5.2}$$

3. 提前/拖期最小

按时交货是对企业的最基本要求,也是评价企业信用的最重要指标之一。工件完工时间越接近交货期,表明其交货期性能越好。因此,调度目标应尽量保证工件在需求的日期完工,即最大提前/最大拖期时间要最小。

最大提前时间最小目标函数为

$$\min\{\max E_i, i=1,2,\cdots,n\} \tag{5.3}$$

式中: E_i 表示工件 J_i 的交货期与其完工时间的非负差值。

最大拖期时间最小目标函数为

$$\min\{\max T_i, i=1,2,\cdots,n\} \tag{5.4}$$

式中: T_i 表示工件 J_i 的完工时间与其交货期时间的非负差值。

4. 其他目标函数

以上几种目标函数较为常用,还有其他一些目标函数,如总安装时间最小、总安装成本最小、最大延迟成本最小、总延迟成本最小、总加工成本最小、动态调度稳定性(即再调度偏离初始调度的程度)等。

调度优化过程中需满足如下的约束条件。

(1) 同一台机器同一时刻只能加工一个工件。

(2) 同一个工件的同一道工序在同一时刻只能被一台机器加工。

(3) 每个工件的每道工序一旦开始加工就不能中断。

(4) 不同工件之间具有相同的优先级。

(5) 不同工件的工序之间没有先后约束,同一个工件的工序之间有先后约束。

(6) 所有工件在零时刻都可以被加工。

表 5.1 所示是一个包括 2 个工件、2 台机器的 FMC 调度问题实例,其中"—"表示此工序不能选择上面对应的机床进行加工。

表 5.1　2 个工件、2 台加工机床的 FMC 调度问题

工件	工序	可替代的加工机床	
		M_1	M_2
J_1	O_{11}	3	5
	O_{12}	1	—
J_2	O_{21}	4	2
	O_{22}	5	8
	O_{23}	5	—

FMC 调度问题有多种分类方法,可以分为以下几种类型。

1. 单目标调度与多目标调度

在不同的制造环境下,目标函数往往呈现出种类繁多、形式多样的特点,如完工时间最

小、工件安装调整时间或成本最小、延期惩罚成本最小、设备利用率最高、生产成本最低、在制品库存量最少等。单目标 FMC 调度问题只是针对其中一个目标函数进行优化,最常见的是最大完工时间最小。多目标 FMC 调度问题需要同时考虑多个目标函数,这些目标之间常常具有不可公度性(即不同目标的取值范围和量纲常常不同)和效益背反性(一个目标性能的改善是以其他目标性能的恶化为代价的,即目标之间可能存在相互冲突)。

对于单目标 FMC 调度问题,其可行解集中的解能够通过唯一的目标函数值来判断各个解之间的优劣关系。对于多目标 FMC 调度问题,由于多目标之间的冲突性,很难使多个目标函数值都一起达到最优,因此其可行解集中的解无法通过传统的"等于、大于"等关系进行优劣关系的比较,为此,需要定义多目标情况下可行解之间的一种重要关系,即 Pareto 支配关系。

单目标 FMC 调度问题的最优解是唯一的。多目标 FMC 调度问题的最优解不是唯一的,而是一个最优解集合,即 Pareto 解集,因此对于实际应用问题,必须要根据对问题的了解程度和决策人员的个人偏好,从多目标调度问题的 Pareto 解集中挑选出一个或几个最优解。

2. 静态调度与动态调度

所谓动态调度是指 FMC 调度系统能对外部输入信息、制造过程状态和环境的动态变化做出实时响应的调度方法和系统。如果达不到此要求,则只能称为静态调度。

动态调度面临着各种不确定性事件,使得它比静态调度更为复杂。目前,使用最多的动态调度方法是优化窗口重调度方法(optimization window rescheduling)。优化窗口重调度方法的基本思想是将动态调度的全过程分解为许多连续的调度优化窗口,在每一个调度优化窗口周期(optimization horizon)内,采用静态调度优化算法对进入优化窗口的机器资源上的非固定的工序进行重调度。因此,静态调度是动态调度的基础。

5.2.2　调度算法综述

1954 年 Johnson 最早开始研究两台机器按次序加工的流水车间调度问题。早期研究人员对车间调度问题的研究大都采用数学和运筹学等精确求解方法,偏重于理论研究和获得全局最优解。20 世纪 80 年代以来,近似求解算法不断涌现和发展,开始应用于车间调度问题,并逐步显示出求解车间调度问题的潜力。

1. 精确求解方法

精确求解方法主要是基于运筹学的求解方法,包括数学规划法、拉格朗日松弛法、分支定界法、分解方法等。精确求解方法虽然从理论上能求得最优解,但由于计算复杂、运算量大、费时等原因,只能解决小规模问题,在实际应用中受到限制。

2. 近似求解方法

对于大规模调度问题,近似求解方法是更好的选择。近似求解方法能较快地得到问题的较优解,满足实际问题的需求。近似求解方法主要包括以下一些方法。

1）构造性方法

（1）优先调度规则法。基于优先调度规则（priority dispatch rules）的启发式算法能够在有限的时间里产生可接受的调度结果，运行时间不随问题规模的增大而迅速增加，易于实施，而且计算复杂性低，因而得到了广泛的应用。优先调度规则法的思想是在进行排序的每一阶段，按照优先调度规则，在可调度的工序中选择下一道要调度的工序，直到所有可调度的工序均被调度为止，所谓的可调度的工序是指迄今尚未调度而其前道工序刚被调度的工序，且该工序所使用的资源处于空闲状态。目前，人们已提出了100多种调度规则，在实际中常用的优先调度规则有20多种，如优先选择最短加工时间的工序（shortest processing time,SPT）、优先选择剩余总加工时间最长工件的工序（most work remaining,MWR）、优先选择同一台机床上工件队列中最先到达的工序（first come first serve,FCFS）、优先选择具有最早交货期的工件的工序（earliest due date,EDD）等。

优先调度规则法虽然速度非常快，但它只是在解决冲突时被使用，因此具有局部短视的局限性，由此得到的调度解不能保证是全局最优解，其解的质量一般。

（2）移动瓶颈法。移动瓶颈法（shifting bottleneck procedure）由 Adams 等在 1988 年提出，并成功求得了 FT10 实例的最优解。移动瓶颈法融合了 Carlier 算法，是目前求解调度问题最有效的构造方法之一。移动瓶颈法的基本思路是首先确定瓶颈机器，然后对瓶颈机器上的工件进行排序，其他机器的排序暂时不变，瓶颈机器的排序完成后，所有以前排序的机器都要重新进行局部优化。移动瓶颈法解的质量高，但算法较复杂，计算时间较长。

2）系统仿真法

仿真是人们在长期实践的基础上找到的一种认识客观事物的科学方法。这种方法的特点是把认识原型的过程变为认识模型的过程。也就是说，通过对模型行为的研究来揭示被研究对象（原型）的行为特征和部分结构特征。

系统仿真方法首先要建立制造系统的离散事件动态系统模型，然后通过仿真模型的运行来动态模拟和分析实际制造系统的生产率、生产能力、制造提前期、机器利用率等性能指标，用自身的知识和经验调整调度规则或其他相关参数来进行调度优化。系统仿真方法需要建立复杂的仿真模型和进行烦琐的计算，而且仿真方法往往是针对特定的问题，因此很难从特定的实验中得出一般的规律性。

3）人工智能方法

（1）约束传播算法。约束满足问题（constraint satisfaction problem,CSP）是人工智能研究领域中一个非常重要的分支，现已成为理论计算机科学、数学和统计物理学等交叉学科研究中的热点问题。约束传播（constraint propagation）算法是求解约束满足问题的一种重要的智能近似方法。约束传播算法适合求解复杂的大规模组合优化问题，它通过运用约束来过滤掉所有不适合的解决方案，进而减小搜索空间的有效规模。

（2）专家系统。它可以简单理解为"知识库＋推理机"，是一种由人类给计算机形式化地硬编码知识的程序系统。车间调度专家系统的基本工作原理是根据来自上级的输入信息（作业计划等）和来自生产现场的动态反馈信息，通过专家系统动态选择调度规则进行调度控制。调度知识库是车间调度专家系统的关键部件，其中存放着各种类型的调度控制知识，这些知识可以来自有经验的调度人员，也可以通过理论分析和实验研究获得；调度推理机是该系统的核心，它利用调度知识库中的知识，在数据库的配合下根据输入信息进行推理，做出调度规则的选择决策。

过于形式化并且缺乏灵活性的硬编码知识的专家系统很难适应纷繁复杂而又变化多端的现实世界。

(3) 模拟退火算法。模拟退火(simulated annealing,SA)算法最早的思想是由 N. Metropolis 等人于 1953 年提出。1983 年 S. Kirkpatrick 等成功地将退火思想引入到组合优化领域。它是基于 Monte-Carlo 迭代求解策略的一种随机寻优算法,其出发点是基于物理中固体物质的退火过程与一般组合优化问题之间的相似性。模拟退火算法从某一较高初温出发,伴随温度参数的不断下降,结合概率突跳特性在解空间中随机寻找目标函数的全局最优解,即局部最优解能够概率性地跳出并最终趋于全局最优。模拟退火算法是一种通用的优化算法,理论上算法具有概率的全局优化性能,目前已在工程中得到了广泛应用,诸如生产调度、控制工程、机器学习、神经网络、信号处理等领域。

(4) 禁忌搜索算法。禁忌搜索(tabu search,TS)算法最早是由 Glover 和 Hansen 在 1986 年提出,最终由 Glover 发展完善的一种元启发式随机搜索算法。TS 在运行时,按照某种方式产生一个初始解,然后从这个初始可行解出发,选择一系列的特定搜索方向作为试探,选择向目标函数值变化最大的方向移动。为了避免陷入局部最优解,TS 搜索中采用了一种灵活的"记忆"技术,对已经进行的优化过程进行记录和选择,指导下一步的搜索方向,这就是 Tabu 表的建立。为了避免陷入局部最优,而引入特赦准则,允许一定程度地接受较差解。TS 算法局部搜索能力强、求解速度快,然而它依赖于初始解和邻域结构等,只能搜索到局部最优解,可以与其他算法相结合以提高其全局搜索能力。

(5) 群智能算法。群智能算法是人们受到生物学而不是物理学的启示设计出的用于求解复杂优化问题的一类新兴计算方法的统称。随着在科学研究和工程实践中遇到的问题变得越来越复杂,采用经典的计算方法来解决这些问题面临着计算复杂度高、计算时间长等难度,特别是对于一些 NP-hard 问题,经典计算方法无法在可以忍受的时间内求出精确的解。因此,为了在求解时间和求解精度上取得平衡,计算机科学家提出了许多用于求解复杂优化问题的具有启发式特征的群智能算法,如进化计算、蚁群优化算法、粒子群优化算法、人工免疫方法等。这些算法或模仿生物界的进化过程,或模仿动物的群体行为,或模仿人类的免疫系统等,希望通过模拟生物界的行为特征实现对复杂问题的优化求解,在可接受的时间内求解出可以接受的解。

群智能算法在很大程度上摆脱了经典计算算法的不足,具有全局并行分布式优化、求解速度快、不需要问题的特殊信息(仅与选定的适应度函数值有关)、通用性强等特点,为了更好地求解复杂优化问题提供了新的思路和手段,在求解车间调度优化问题中也得到了越来越广泛的应用。

群智能算法中,各算法共同的特点是基于概率计算的随机搜索进化算法,算法在结构、研究内容、研究方法以及步骤上有较大的相似性。因此,可以为群智能算法建立一个理论框架:算法从一组初始解出发,计算适应度;根据某种规则,产生下一组解;如此重复直到满足迭代次数或某种收敛条件为止,输出最优解。各种算法的最大不同之处在于如何根据某种规则产生下一组解。

群智能算法的主要研究领域及其特点如下。

① 进化计算。进化算法(evolutionary algorithm,EA)主要针对优化问题,尤其是非连

续不可微函数的优化问题,可以较大概率求解全局最优解,通常包括遗传算法(genetic algorithm,GA)、遗传规划(genetic programming,GP)、进化策略(evolution strategies,ES)和进化规划(evolutionary programming,EP)。它们都是模仿生物遗传和自然选择的机理,用人工方式构造的一类优化搜索算法。

② 蚁群优化算法。蚁群优化算法(ant colony optimization,ACO)是由意大利学者Dorigo、Maniezzo 等于20世纪90年代首先提出来的。他们在研究蚂蚁觅食的过程中,发现单个蚂蚁的行为比较简单,但是蚁群整体却可以体现一些智能的行为。例如,蚁群可以在不同的环境下,寻找最短到达食物源的路径。这是因为蚁群内的蚂蚁可以通过某种信息机制实现信息的传递。后又经进一步研究发现,蚂蚁会在其经过的路径上释放一种可以称为"信息素"的物质,蚁群内的蚂蚁对"信息素"具有感知能力,它们会沿着"信息素"浓度较高的路径行走,而每只路过的蚂蚁都会在路上留下"信息素",如此反复循环下去,"信息素"最强的地方形成一条路径。蚁群算法在求解复杂组合优化问题方面有一定的优越性,不过容易出现停滞现象,收敛速度慢。

③ 粒子群优化算法。粒子群优化(particle swarm optimization,PSO)算法由 Eberhart 和 Kennedy 在1995提出,源于对鸟群捕食行为的模拟研究。该算法最初是受到飞鸟集群活动的规律性启发,进而利用群智能建立的一个简化模型。粒子群算法在对动物集群活动行为观察基础上,利用群体中的个体对信息的共享,使整个群体的运动在问题求解空间中产生从无序到有序的演化过程,从而获得最优解。

PSO 同遗传算法类似,是一种基于迭代的优化算法。系统初始化一组随机解,通过迭代搜寻最优值。但是它没有用遗传算法中的交叉(crossover)以及变异(mutation)操作,而是粒子在解空间中追随最优的粒子进行搜索。同遗传算法比较,PSO 的优势在于简单、容易实现,并且没有许多参数需要调整。目前已广泛应用于函数优化、神经网络训练、模糊系统控制、车间调度等应用领域。

5.3 遗传算法的基本原理

生物群体的繁殖过程蕴涵着优化思想和机制,即不断地优化自身以自适应自然环境。遗传算法(genetic algorithm,GA)是模拟自然界生物群体的遗传进化过程而形成的一种具有自适应全局概率搜索寻优算法。它最早由美国密歇根州立大学的 John Holland 教授提出。20世纪70年代 De Jong 基于遗传算法的思想在计算机上进行了大量的纯数值函数优化计算实验。在一系列研究工作的基础上,80年代 Goldberg 在 *Genetic Algorithm in Search*, *Optimization and Machine Learning* 一书中,系统地总结了遗传算法的主要研究成果,全面完整地论述了遗传算法的基本原理及其应用,奠定了现代遗传算法的基本框架。

遗传算法摒弃了传统的搜索方式,模拟自然界生物进化过程,采用人工进化的方式对目标空间进行全局并行分布式的随机搜索。遗传算法将问题域中的可能解看作种群(population),种群中的每个个体(individual)又称为染色体(chromosome),每一个个体(染色体)编码成符号串形式。遗传算法模拟生物界的自然选择和自然遗传的生物进化过程,对种群反复进行选择(selection)、交叉(crossover)和变异(mutation)操作,根据预定的目标适应度函数(fitness function)对每个个体(染色体)进行评价,依据适者生存、优胜劣汰的进化规则,不断得到更优的种群,这样经过若干代遗传之后,算法将收敛到能很好地适应环境的个体(染色体),它或它们很可能就是问题的最优解或次优解。

遗传算法的基本步骤如下。

步骤 1　根据所求问题的解的特征设计染色体的编码和解码方法。

步骤 2　确定遗传算法参数,如种群规模 N、迭代终止条件、交叉概率 P_c、变异概率 P_m 等。

步骤 3　按照一定方法产生初始种群 $P(t)$,$t=0$。$P(t)$ 表示第 t 代的父代。

步骤 4　计算种群 $P(t)$ 中每个染色体的适应度函数值,并进行评价。

步骤 5　判断是否满足运行终止条件,若满足,则终止迭代,输出结果;否则,继续下一步骤。

步骤 6　对种群 $P(t)$ 中的染色体进行选择操作、交叉操作和变异操作,产生子代种群 $C(t)$。$C(t)$ 表示第 t 代的子代。

步骤 7　$P(t)=C(t)$,$t=t+1$,转步骤 4。

遗传算法具有如下的特点。

(1)遗传算法直接处理的对象是所求问题的可行解的编码,而不是可行解本身,遗传算法求解时使用特定问题的信息极少,搜索过程既不受优化函数的连续性约束,也没有优化函数导数必须存在的要求,这些特点使遗传算法具有很广泛的应用空间,容易形成通用算法。

(2)遗传算法采用多点搜索或者说是群体搜索,因而可同时搜索解空间内的多个区域,具有很高的隐含并行性(implicit parallelism),这使遗传算法能以较少的计算获得较大的收益。遗传算法利用进化过程获得的信息,自行组织搜索。通过选择、交叉和变异操作可以产生更适应环境的后代,遗传算法的这种自组织、自适应特征,使它具有能根据环境变化来自动发现环境的特征和规律的学习能力。遗传算法的选择、交叉、变异等运算都是以一种概率方式来进行的,从而增加了搜索过程的灵活性,同时能以很大的概率收敛于最优解。因此,遗传算法具有较好的全局并行随机优化求解能力。

(3)遗传算法直接以目标函数值作为搜索信息,对目标函数的性态无要求,具有较好的适应性和易扩充性。同时,可以把搜索范围集中到适应度较高的部分搜索空间,从而提高搜索效率。

(4)遗传算法基本思想简单,运行方式和实现步骤规范,便于具体使用。

(5)遗传算法的初始种群本身带有大量与最优解甚远的信息,通过选择、交叉、变异操作能迅速排除与最优解相差极大的个体,这是一个强烈的滤波过程,并且是一个并行滤波机制。故而,遗传算法具有很强的容错能力。

(6)遗传算法是以种群迭代为基础的,可以同时搜索问题的解空间中的多个区域,进化的结果是一群解,最终选择可以由使用者确定,因此,遗传算法非常适合多目标优化问题的求解。

5.4　基于遗传算法的单目标 FMC 调度

遗传算法提供了一种求解复杂组合优化问题的通用框架,它不依赖于问题的领域与种类,具有隐含并行性和全局解空间随机搜索的特点,在生产调度领域得到了广泛的应用。柔性制造单元调度问题属于柔性作业车间调度问题(FJSP),柔性作业车间调度问题是经典作业车间调度问题(JSP)的拓展。柔性制造单元调度问题不仅需要确定工序的加工顺序和开始加工时间,还要考虑为每道工序分配加工机器,因此柔性制造单元调度问题是比经典作业车间调度问题更为复杂的 NP-hard 问题,同时也增加了遗传算法设计的复杂性和难度。

单目标 FMC 调度优化问题的遗传算法的基本流程如图 5.1 所示,该遗传算法的目标函数是最大完工时间最小,其遗传算法包括五个基本环节:编码和解码设计,运行参数设置,初始化种群设计,适应度函数设计,遗传操作设计(包括选择操作设计、交叉操作设计和变异操作设计)。

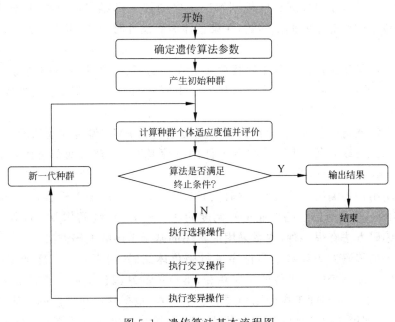

图 5.1　遗传算法基本流程图

5.4.1　染色体的编码设计

在遗传算法的运行过程中,它不对所求问题的实际可行解进行直接操作,而是对表示可行解的染色体(个体)编码施加选择、交叉、变异等遗传运算。遗传算法通过这种对染色体编码的操作,不断搜索出适应度较高的染色体个体,并在种群中逐渐增加其数量,最终寻求出问题的最优解或近似最优解。在遗传算法中如何描述问题的可行解,即把一个问题的可行解从其解空间转换到遗传算法所能处理的搜索空间的转换方法称为编码。

编码是应用遗传算法时要解决的首要问题,也是设计遗传算法的一个关键步骤。编码方法除了决定染色体排列形式之外,还决定染色体从搜索空间的基因型变换到解空间的表现型时的解码方法,同时也影响到交叉算子、变异算子等遗传操作的运算方法。由此可见,编码方法在很大程度上决定了如何进行种群的遗传进化运算以及遗传进化运算的效率。一个好的编码方法,有可能会使得交叉运算、变异运算等遗传操作可以简单地实现和执行;而一个差的编码方法,却有可能使得交叉运算、变异运算等遗传操作难以实现,也有可能产生很多在可行解集合内无对应可行解的染色体,这些染色体经解码处理后所表示的解称为无效解。虽然有时产生一些无效解并不完全都是有害的,但大部分情况下它却是影响遗传算法运行效率的主要因素之一。

针对一个具体应用问题,如何设计一种完美的编码方案一直是遗传算法的应用难点之一,也是遗传算法的一个重要研究方向。

FMC 调度问题的求解过程包括两部分:选择各工序的加工机器和确定每台机器上的工序加工顺序。因此,FMC 调度问题的可行解的染色体编码设计方法目前主要有以下几种。

第一种方法是基于启发式调度规则解决工序的加工机器分配问题,这样 FMC 调度问题就转化为传统的作业车间调度问题,在染色体编码设计时,只需考虑每台机器上的工序加工顺序问题。

第二种方法是将机器选择与工序排序集成在一起考虑,即染色体中的每一个基因位集成了工件号、工件的工序号、工序在可选机器集中所选的加工机器编号三要素,染色体的总长度等于所有工件的工序总和。

第三种方法是将染色体编码分为两部分,分别代表 FMC 调度问题的两个子问题,两部分染色体的编码长度相等,都等于所有工件的工序总和,融合这两部分编码,就可以得到 FMC 调度问题的一个可行解。

本章采用第一种编码方法,即通过启发式规则确定工序的加工机器后,将柔性作业车间调度问题(FJSP)转化为传统的作业车间调度问题(JSP)。传统的作业车间调度问题(JSP)的遗传算法编码方法有很多种,本章采用最常用的基于工序的编码方法。

基于工序的编码方法只对工序排序进行染色体编码,用来确定工序加工的先后顺序。该染色体编码长度等于所有工件的工序总和,染色体的基因位上的元素代表某个工件的某一道工序,同一工件的不同工序使用相同的数字符号,根据它们在染色体中从左往右出现的顺序加以解释,即第一次出现的是该工件的工序 1,第二次出现的是该工件的工序 2,依此类推。例如,以表 5.1 的两个工件为例,基于工序的染色体编码为[2,2,1,2,1],该编码表示有两个工件,J_1 有两道工序,J_2 有三道工序,从左往右第一个"2"代表 J_2 的第一道工序,第二个"2"代表 J_2 的第二道工序,第三个"1"代表 J_1 的第一道工序等。

5.4.2 染色体的解码设计

染色体解码是解的基因型到解的表现型的转换,也就是将染色体型的解转换为所求问题的解。编码是调度方案的基因形式,种群产生之后,要进行基因型到表现型的映射,即进行解码操作,以实现对种群个体适应度的评价。

对于一个基于工序的编码方法产生的染色体,解码后可以生成大量的可行调度。染色体解码设计的目标就是要设计一种解码方法以确保一个染色体解码后能从大量的可行调度中得到更高质量的可行解。

对于正规调度(regular schedule)目标函数,如最大完工时间最小、机器最大负荷最小、总机器负荷最小等,寻找调度最优解的过程就是尽可能使工序往"左移动",即提前加工。如果一些工序提前开工而不改变机器上工序的加工顺序,那么这个调度中的左移动被称为"局部左移动";如果一些工序提前开工,虽然改变了机器上工序的加工顺序,但没有延迟任何其他的工序,那么这个调度中的左移动被称为"全局左移动"。

上述左移动的调度有如下三种类型。

(1) 如果不存在可以"局部左移动"的工序,则称此调度为半主动调度(semi-active schedule)。

(2) 如果不存在可以"全局左移动"的工序,则称此调度为主动调度(active schedule)。通过全局左移动"半主动调度"中的工序,可以生成主动调度。因此,主动调度集包含在半主动调度集中。显然,通过将半主动调度转化为主动调度,正规调度目标函数值必然有所改善。

(3) 在一个主动调度中,如果在每个闲置时间和闲置区间都没有可安排的工序,则称此调度为无延迟调度(non-delay schedule)。由定义可知,无延迟调度是主动调度的一个子集。

对于正规调度目标函数,业已证明最优调度必在主动调度集中,虽然无延迟调度是主动调度集的子集,但是不能保证包含最优解。对于非正规调度目标函数,如提前或拖期惩罚最小,主动调度集中不能保证包含最优解,有可能在半主动调度集中存在最优解,这是因为移动方向的不同。

单目标调度问题的优化目标函数是最大完工时间最小,因此,将搜索空间限于主动调度集,不仅能保证遗传算法的求解质量,而且还能提高遗传算法的求解效率。这里介绍一种称为"Find Slot"的染色体解码方法,该方法能保证每个染色体解码后产生主动调度,解码过程如下。

步骤 1　对基于工序的编码方法产生的染色体,按照从左至右的顺序,依次选取一个基因,根据染色体编码规则,将该基因转换为相对应的某一个工件的某一道工序。

步骤 2　在该工序的可选机器集中,按照以下启发式规则,自动选择加工机器和加工时间。

规则1:选择尽可能早地完成该工序的加工机器;

规则2:如果几台机器均能满足"规则1"的调度性能指标,则选择具有最高优先级的加工机器。

步骤 3　在满足工艺路线约束条件下,即该工序插入的开始时间一定要大于或等于其前一道工序的完成时间,将该工序安排在所选择的加工机器上的尽可能早的,且足够长的空闲时间段中。

步骤 4　在不延迟已调度工序的前提下,按照上述步骤,将剩余工序都安排在最佳可行的空闲时间段上。至此染色体解码完成,生成主动调度。

5.4.3　运行参数设置

遗传算法中需要设置的运行参数主要有种群规模 P、交叉概率 P_c、变异概率 P_m、运行终止条件。这些运行参数对遗传算法的运行性能影响较大,需要认真选取。

1. 种群规模 P

种群规模 P 表示种群中个体的数量。当种群规模 P 取值较小时,可提高遗传算法的运算速度,但却降低了群体的多样性,有可能会引起遗传算法的早熟现象;而当种群规模 P 取值较大时,又会使得遗传算法的运行效率降低。一般建议的取值范围是 $20\sim100$。

2. 交叉概率 P_c

交叉操作是遗传算法中产生新个体的主要方法,所以交叉概率一般应取较大值,交叉概率越大,新个体产生的速度就越快。然而,交叉概率取值过大时,它又会破坏种群中的优良模式,对进化运算反而产生不利影响;若取值过小,产生新个体的速度又较慢,甚至停滞不前。一般建议的取值范围是 $0.6\sim0.9$。在进化过程中为了能尽量地保留较优的个体,尽快淘汰较差的个体,可以采用自适应交叉概率进行种群的交叉运算,即当两个父代个体适应度的平均值低于种群平均适应度值时,需要提高交叉概率,以便能尽快产生新的个体,淘汰较差的个体;当两个父代个体适应度的平均值高于种群平均适应度值时,需要降低交叉概率,尽量保留较优个体。

3. 变异概率 P_m

若变异概率 P_m 取值较大,虽然能够产生较多的新个体,但也有可能破坏掉很多较好的模式,使得遗传算法的性能近似于随机搜索算法的性能;若变异概率 P_m 取值太小,则变异操作产生新个体的能力和抑制早熟现象的能力就会较差。一般建议取值范围在 $0.001\sim0.1$ 之间。另外,也可使用自适应的思想来确定变异概率 P_m,例如,当父代个体适应度值低于种群平均适应度值时,需要提高变异概率,以便能尽快地产生新的个体,淘汰较差的个体;当父代个体适应度值高于种群平均适应度值时,需要降低变异概率,尽量保留较优个体。

4. 终止条件

终止条件是表示遗传算法运行结束的条件。终止条件一般是个体适应度的评价值已达到设定的目标值,或迭代的次数已超过设定的迭代次数,或算法的计算时间已超过设定的计算时间等。

本章设定种群规模 P 为 100,交叉概率 P_c 为 0.8,变异概率 P_m 为 0.01,迭代次数达到100 时终止运算。

5.4.4　种群初始化

种群初始化的质量对于遗传算法的性能起着重要的作用,好的初始解不仅能够提高遗传算法最终解的质量,而且能够提高遗传算法收敛的速度。传统遗传算法一般都是从采用随机生成的一个初始种群开始的,但是这种方法得到的种群整体的适应性不好,从而影响了解的质量,也影响了种群的进化速度。为了解决这个问题,许多文献采用启发式规则来生成初始种群,这样初始种群的整体适应性相对较高,进化速度加快。但是单纯采用启发式规则生成的初始种群存在相似性较高的问题,有可能陷入局部最优,出现早熟现象。

本节采用"优先调度规则的启发式算法"和"随机式方法"按一定比例相结合的思想产生初始种群,这样既有利于保持种群的多样性,同时又能产生较优质量的解。

本节只介绍其中随机方式产生初始种群的方法,具体步骤如下。

首先,生成一个 $1 \times n$ 的向量(其中 n 表示工件数),向量中的每一个元素分别表示每个工件的工序数,该向量作为工件在染色体中出现次数的约束向量。

然后,随机生成 $[1, n]$ 内的一个随机数,判断该随机数所对应的约束向量中的元素是否为 0;若不为 0,则把这个随机数按次序设置为染色体编码中相应基因位上的值,同时把它所对应的约束向量中的元素减去 1;继续循环直至约束向量中的元素全部为 0,表明全部工件的工序已排序完成,生成了一个满足要求的染色体。

5.4.5　适应度函数设计

在遗传算法中,适应度函数也被称为评价函数,是确定种群中个体优劣的标准,是算法优化过程的依据,适应度函数值高的个体将获得更多的产生后代的机会。适应度函数通常可直接由目标函数变换形成。当所求问题的目标函数为最大化的情况时,可直接采用原目标函数作为适应度函数。但直接采用上述方法,在算法初始迭代过程中,可能会有少数几个个体的适应度函数值相对其他个体来说非常高,若按常用的比例选择操作来确定个体遗传数量时,则这些相对较优的染色体个体可能在种群中占据较大的比例,由于其竞争力突出从而可能控制整个选择过程,进而影响算法的全局优化性能,出现早熟现象。另外,随着算法迭代过程的进行,种群中的每个染色体的适应度函数值普遍都得到改善,种群的平均适应度函数值接近当前最优染色体的适应度函数值,将造成当前最优染色体的竞争力下降,从而使算法迭代过程出现随机漫游现象。

为提高遗传算法的性能,尽量避免早熟和随机漫游现象,往往需要通过对目标函数进行适当的放大或缩小来获得适应度函数。这种对目标函数的缩放调整称为适应度尺度变换。

本章的适应度函数公式为

$$f_n = k / (C_{max} - b) \tag{5.5}$$

式中:

C_{max} 为目标函数,目标函数值是最大完工时间;

k 和 b 是常数,k 主要用于放大或缩小 f_n 的值以便于计算机处理,避免由于 f_n 太小而
　　导致超出计算机精度,b 值主要用于调节种群个体的适应度函数值的差异。

5.4.6　选择操作设计

在生物的遗传和自然进化过程中,对生存环境适应程度较高的物种将有更多的机会遗传到下一代,而对生存环境适应程度较低的物种遗传到下一代的机会就相对较少。模仿这个过程,遗传算法使用选择操作来对种群中的个体进行优胜劣汰的操作,即适应度较高的个体被遗传到下一代种群中的概率较大,适应度较低的个体被遗传到下一代种群中的概率较小。选择操作的效果是提高了种群的平均适应度值及最差适应度值,但这是以损失种群的多样性为代价的。选择操作并没有产生新的个体,当然种群中最优个体的适应度值也不会

改变。选择操作的目的是为了避免基因缺失、提高全局收敛性和计算效率。下面介绍两种常用的选择操作方法。

1. 轮盘赌选择法

轮盘赌选择法是依据个体的适应度函数值,计算每个个体在子代中出现的概率,并按照此概率,随机选择种群中的个体构成子代种群。轮盘赌选择策略的出发点是适应度函数值越好的个体被选中的概率就越大。

下面给出轮盘赌选择策略的一般步骤。

步骤 1 将种群中所有个体的适应度函数值叠加,得到总适应度函数值。

步骤 2 每个个体的适应度函数值除以总适应度函数值,得到个体被选择的概率。

步骤 3 计算个体的累积概率,以构造一个轮盘。

步骤 4 产生一个$[0,1]$区间内的均匀分布的伪随机数,若该随机数小于或等于个体 k 的累积概率且大于个体 $k-1$ 的累积概率,选择个体 k 进入子代种群。

步骤 5 重复步骤4,直到新一代的种群规模达到父代的种群规模。

2. 锦标赛选择法

锦标赛选择方法策略是:每次从种群中随机选择 n 个个体,进行个体适应度值的比较,选择其中适应度值最好的个体进入子代种群;被选中的个体放回到种群中,重新作为一个父代染色体参与选择;重复上述选择步骤,直到新一代的种群规模达到父代的种群规模。

5.4.7 交叉操作设计

在生物进化过程中,两个同源染色体通过交配形成新的染色体,进而产生新的个体,模仿这个过程,遗传算法使用交叉操作来生成新的个体。所谓交叉操作是指对两个相互配对的染色体以一定的概率、按某种方式交换它们之间的基因片段,从而形成两个新的个体。交叉操作是遗传算法区别于其他进化算法的重要特征,是产生新个体的主要方法,它决定了遗传算法的全局搜索能力。交叉操作的设计和实现与所研究的具体问题和具体染色体编码方式密切相关。

在交叉运算之前必须先对种群中的个体进行配对。目前,常用的配对策略是随机配对,即将种群中的 M 个个体以随机的方式组成 $M/2$ 对配对个体组,交叉操作是在这些配对个体组中的两个个体之间进行的。

对于基于工序的染色体编码,本章采用华中科技大学张超勇提出的 POX(precedence operation crossover)交叉策略,它能很好地继承父代的优良特征,并且子代不出现非法解,如图 5.2 所示。

POX 交叉操作的具体流程如下。

步骤 1 将工件集$\{1,2,\cdots,n\}$随机划分为两个非空的子集 J_1 和 J_2。

步骤 2 将父代染色体 P_1 中的包含在 J_1 的工件复制到子代染色体 C_1 中的相应基因位上;将父代染色体 P_2 中的包含在 J_1 的工件复制到子代染色体 C_2 中的相应基因位上。

步骤 3 将父代染色体 P_2 中的包含在 J_2 的工件,按照它们在 P_2 中的顺序复制到 C_1 中的空白基因位上;将父代染色体 P_1 中的包含在 J_2 的工件,按照它们在 P_1 中的顺序复

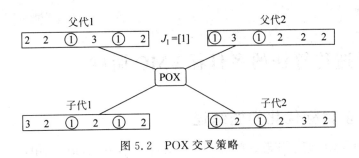

图 5.2　POX 交叉策略

制到 C_2 中的空白基因位上。

为了使进化过程中的优良个体更多地进入下一代,可以将交叉后产生的新个体与原有个体进行比较,选择出最优的个体。

5.4.8　变异操作设计

在生物进化过程中,由于自然界的突发原因,染色体的基因有可能发生变异,从而产生新的染色体,表现出新的性状。在遗传算法中采用变异操作来模拟生物的上述变异过程。

遗传算法中的变异操作是对种群中的染色体,以一定的概率改变其中某些基因值,从而形成新的染色体个体,以增加种群的多样性,尽可能减少早熟现象。从遗传操作过程中产生新个体的能力方面来说,交叉操作是产生新个体的主要方法,它决定了遗传算法的全局搜索能力;而变异操作只是产生新个体的辅助方法,但它也是必不可少的一个运算步骤,因为它决定了遗传算法的局部搜索能力。交叉操作与变异操作的相互配合,共同完成对搜索空间的全局搜索和局部搜索,从而使得遗传算法能够以良好的搜索性能完成最优化问题的寻优过程。

对交叉操作得到的满足变异概率的染色体,按照变异策略进行变异,得到新一代种群。基于工序的染色体编码常用以下变异操作方法。

1. 互换变异

随机选择染色体中的两个基因值进行简单交换。

2. 逆序变异

在染色体中,随机选择两点(称为逆转点),然后将这两个逆转点及其之间的基因位上的值以逆向排序插入到原位置中。

3. 插入变异

在染色体中,随机选择一个基因位上的值,然后将此值插入到另一个随机选择的基因位之前。

4. 基于邻域搜索变异

在染色体中,随机选择 r 个不同的基因位上的值,生成其全部排序所对应的染色体,评价这些染色体的适应度值,选择最佳染色体作为子代。

5.5 基于遗传算法的多目标 FMC 调度

5.5.1 多目标优化问题综述

上节讨论的 FMC 调度问题是单目标最优化问题,而在实际应用中,会更多地遇到需要使多个目标在给定的约束区域上都尽可能好地最优化问题。

多目标优化问题在很多情况下,各个子目标之间有可能是相互矛盾的,甚至是完全对立的,即一个子目标的改善有可能引起另一个或另一些子目标性能的降低,也就是说,要同时使多个子目标一起达到最优是难以实现的。因此,多目标优化问题的可行解集(满足优化问题中的约束条件的决策向量的集合称为可行解集)中的解是无法用传统的等于、大于、大于等于的关系进行优劣程度的比较与排序的,而是要用另外一种关系——Pareto 支配关系来描述。

定义 5.1 多目标优化问题 一般多目标优化问题的目标函数为(最小化问题)

$$\min y = f(x) = (f_1(x), f_2(x), \cdots, f_m(x))$$
$$\text{s. t.} \quad e(x) = (e_1(x), e_2(x), \cdots, e_n(x)) \leqslant 0 \tag{5.6}$$

式中: x 是由 k 个决策变量 $(x_1, x_2, \cdots, x_k)$ 组成的决策向量;

y 是由 m 个目标函数 $(y_1, y_2, \cdots, y_m)$ 组成的目标向量;

$e(x)$ 是由 n 个约束条件组成的约束向量,约束条件 $e(x) \leqslant 0$ 确定决策向量 x 的可行解集。

定义 5.2 Pareto 支配 对于多目标优化问题的可行解集中的任意两个决策向量 a 与 b(最小化问题),称 a 支配 b 必须满足以下两个条件。

(1) 对于所有的子目标函数, a 不比 b 差,即

$$\forall i = \{1, 2, \cdots, m\} : f_i(a) \leqslant f_i(b)$$

(2) 至少存在一个子目标函数,使得 a 比 b 好,即

$$\exists i = \{1, 2, \cdots, m\} : f_i(a) < f_i(b)$$

定义 5.3 Pareto 最优解 多目标优化问题的可行解集中的决策向量 x 称为 Pareto 最优解,当且仅当在可行解集中不存在支配 x 的决策向量。

Pareto 最优解亦称为非支配解(non-dominated),一般情况下,Pareto 最优解不是唯一的,而是存在一个最优解集合,即 Pareto 最优解集,在 Pareto 最优解集中的任意一个解不能说比该集合中的其他解更好。因此,必须根据对实际问题的了解程度以及决策人员的偏好,从多目标优化问题的 Pareto 最优解集中挑选出一个或多个解,作为多目标优化问题的最优解。所以求解多目标优化问题的关键是求出其所有的 Pareto 最优解。

图 5.3 所示是两个目标 (f_1, f_2) 的最小化多目标优化问题,图中的决策向量 A 的所有目标函数值均小于等于决策向量 D 的所对应的目标函数值,故决策向量 A 支配决策向量 D。决策向量 A、B 和 C 都是 Pareto 最优解。

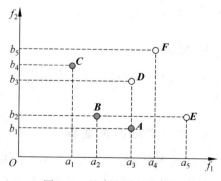

图 5.3 最小化多目标优化

　　传统的多目标优化算法是通过一定的方法(如线性加权组合方法、目标规划法、功效系数法、主要目标法、分层序列法等)将多目标优化问题转化为单目标优化问题。传统多目标优化算法每次运行时只能得到一个 Pareto 最优解,为了得到多个 Pareto 最优解,则必须多次运行。

　　进化算法(evolutionary algorithms)是一类模拟生物界自然选择和自然进化的随机搜索算法,具有对整个种群进行全局并行随机搜索的能力,在一次迭代进化运算中能够发现许多最优解,而多目标优化问题的 Pareto 最优解一般也是一个解集,因此进化算法是求解多目标优化问题的一个非常有效的方法和手段。目前,国内外学者已提出许多种典型的多目标进化算法(multi objective evolutionary algorithms),例如,Zitzler 和 Thiele 提出的 SPEA(strength-pareto evolutionary algorithm)、Knowles 和 Corne 提出的 PAES(pareto-archived evolutionary strategy)、Deb 等提出的 NSGA-II(non-dominated sorting genetic algorithm II)等。

5.5.2　遗传算法求解多目标 FMC 调度问题

　　遗传算法求解多目标 FMC 调度问题的方法与遗传算法求解单目标 FMC 调度问题的方法基本相似。但是,遗传算法在求解多目标 FMC 调度问题时也有一些独特的地方,需要全新考虑和设计,如种群排序策略、种群多样性保持策略、选择策略、精英策略等。

1. 非支配排序方法

　　在遗传算法中,适应度函数也称为评价函数,它是确定种群中个体优劣的标准,适应度函数值高的个体将获得更多的产生后代的机会。对于单目标 FMC 调度问题,解(个体)的适应度函数值与目标函数值是一致的,能方便地对解的优劣程度进行排序和比较。但是,在多目标 FMC 调度问题中,多个目标函数之间往往是相互冲突的,难以通过传统方式评价种群个体的优劣程度,目前常用的方法是基于 Pareto 支配关系对种群中的个体进行评价和排序。

　　这里介绍 NSGA-II 算法中的非支配排序方法(即 Pareto 最优解排序方法)。该排序方法的基本思想是:首先,找出当前种群中的所有非支配解,并分配等级 1;然后,去除第 1 级非支配解集,在剩下的种群中寻找所有的非支配解,并分配等级 2;重复前述过程,直至当前种群中的每一个个体都被分配了相应的等级为止。这样依据种群中个体之间的 Pareto 支配关系,当前种群被划分为互不相交的且具有支配关系的子集合,即形成了如图 5.4 所示的非支配等级前沿“F_1 支配 F_2 支配……支配 F_n”。

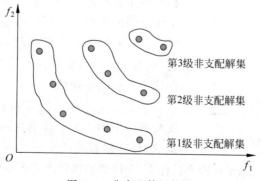

图 5.4　非支配等级前沿

具体算法如下。

步骤 1 对于每一个个体 $p \in P$，计算其两个属性：(1)支配计数 n_p，即支配个体 p 的个体数目；(2)集合 S_p，即个体 p 支配其他所有个体的集合。第一级非支配解集中的所有个体的 $n_p = 0$。

步骤 2 对于第一级非支配解集中的每一个个体 p，对于每一个个体 $q \in S_p$，$n_q = n_q - 1$；如果 $n_q = 0$，则 $Q = Q \cup \{q\}$，集合 Q 中的成员属于第二级非支配解集；上述过程持续进行，直到所有的"非支配等级前沿"被识别出来。

2. 种群多样性保持策略

在多目标 FMC 调度问题中，保持种群多样性可以获得范围宽广且均匀分布的非支配解集，从而避免遗传算法出现早熟现象，亦即防止搜索陷入局部最优而不能收敛到真正的 Pareto 最优解。

在生物学中，小生境(niche)是指一种特定的生存环境。生物在其进化过程中，一般总是与自己相同的物种生活在一起，共同繁衍后代；它们也都是在某一特定的地理区域中生存。例如，热带鱼不能在较冷的地带生存，而北极熊也不能在热带生存。

在用遗传算法求解多峰值函数的优化问题时，经常是只能找到个别的几个局部最优解，而有时希望优化算法能够找出问题的所有最优解，包括局部最优解和全局最优解。既然遗传算法所模拟的生物都有其特定的生存环境，那么借鉴此概念，我们也可以让遗传算法中的个体在一个特定的生存环境中进化，即在遗传算法中，引进小生境的概念，从而保持种群的多样性，以便找出范围宽广且均匀分布的非支配解集。

遗传算法中小生境的实现方法主要有以下几种。

(1) 基于预选择的小生境实现方法。

(2) 基于拥挤的小生境实现方法。

(3) 基于共享函数的小生境实现方法。

本节采用小生境中的拥挤距离方法(crowding distance approach)来保持种群分布的多样性。拥挤的思想源于一个有限的生存空间中，各种不同的生物为了能够延续生存，它们之间必然相互竞争各种有限的生存资源。

De Jong 在 1975 年提出了基于拥挤机制的小生境实现方法。这种实现方法的基本思想是：在种群中随机选取若干个个体组成拥挤成员，然后依据新产生的个体与拥挤成员的相似性来去除掉一些与拥挤成员相似的个体。这里，个体之间的相似性可用个体编码串之间的海明距离来度量。随着拥挤过程的进行，种群中的个体逐渐被分类，从而形成了分布广泛的许多个小的生存环境，因而保持了种群的多样性。

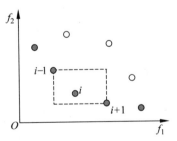

图 5.5 个体 i 的拥挤距离计算

在基于遗传算法的多目标 FMC 调度问题中，非支配解集中的一个个体的拥挤距离可以通过计算同级别的、与其相邻的两个个体在每个子目标函数上的距离之和来获得。图 5.5 所示是在两个目标下，个体的拥挤距离为图中虚线矩形框的长宽之和。拥挤距离大的个体参与遗传进化的机会就越大，从而保证了种群的均匀分布性和多样性。

小生境中的拥挤距离具体计算过程如下。

步骤1　初始化非支配解集 F 中的每个个体 i 的拥挤距离 $F[i]_{\text{distance}}=0$。

步骤2　按照每个子目标函数值的大小,对非支配解集 F 中的个体分别进行排序。

步骤3　在非支配解集 F 中,对于每一个子目标函数 m,边界个体(具有最小和最大子目标函数值的个体)被分配无穷大的拥挤距离值,以便边界个体总是能被选择,而其他的中间个体的拥挤距离计算公式为

$$F[i]_{\text{distance}}=F[i]_{\text{distance}}+(F[i+1]_{.m}-F[i-1]_{.m})/(f_{m.\max}-f_{m.\min}) \quad (5.7)$$

式中:

$F[i]_{.m}$ 是非支配解集 F 中的个体 i 的第 m 个子目标函数值;

$f_{m.\max}$ 和 $f_{m.\min}$ 是第 m 个子目标函数的最大值和最小值。

通过上述计算,非支配解集 F 中的个体 i 的总拥挤距离就是个体 i 在各个子目标函数上的拥挤距离值之和。

3. 多目标 FMC 调度遗传算法流程

遗传算法求解多目标 FMC 调度问题的主要过程如下。

步骤1　随机产生种群数为 N 的父代种群 P_0,并按照非支配排序方法对 P_0 进行排序,排序后,父代种群 P_0 中的每个个体都具有一个非支配等级,其中1级最高,2级次之,依次往下;对父代 P_0 进行二元锦标赛选择操作、交叉操作和变异操作,产生种群数为 N 的子代种群 C_0。

步骤2　合并第 t 代的父代种群与子代种群,形成种群数为 $2N$ 的种群 $R_t=P_t\bigcup C_t$。

步骤3　按照非支配排序方法,构造种群 R_t 的所有非支配等级前沿 $F_1,F_2,\cdots,F_n$,由于父代种群个体和子代种群个体被合并为种群 R_t,因此,确保了精英个体被保留。

步骤4　令 $P_{t+1}=\varnothing$, $i=1$。

步骤5　如果 $|P_{t+1}|+|F_i|\leqslant N$,执行步骤6;否则执行步骤7。

步骤6　计算非支配等级 F_i 的个体拥挤距离; $P_{t+1}=P_{t+1}\bigcup F_i$; $i=i+1$;返回步骤5。

步骤7　计算非支配等级 F_i 的个体拥挤距离,并按降序排序; $P_{t+1}=P_{t+1}\bigcup F_i[1:(N-|P_{t+1}|)]$。

步骤8　在 P_{t+1} 上执行选择、交叉和变异操作,生成新的种群 C_{t+1}。其中选择操作使用二元锦标赛方法,但要按照如下规则进行选择。

(1)若两个个体的非支配等级不相同,优先选择等级高(等级序号越小,等级就越高,例如 $F_1>F_2>F_3,\cdots$)的个体。

(2)若两个个体的非支配等级相同,则优先选择不拥挤的个体,即选择拥挤距离大的个体。

步骤9　如果 t 小于设定的迭代次数, $t=t+1$,返回步骤2;否则算法终止。

第6章
CHAPTER 6
深度学习技术

6.1 人工智能、机器学习与深度学习

人工智能研究的目的是尝试让机器(计算机)产生智能行为。如今,人工智能从科学幻想变成了现实。计算机科学家们在人工智能的核心技术——机器学习和深度学习领域上已经取得重大的突破,机器被赋予了强大的感知和预测能力。

在介绍深度学习之前,首先需要对人工智能、机器学习和深度学习三者之间的关系进行梳理,图 6.1 说明了这三者之间的关系是包含与被包含的关系。

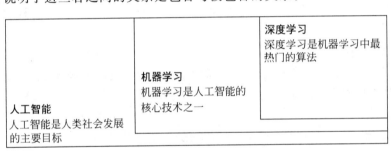

图 6.1 人工智能、机器学习和深度学习之间的关系

在人工智能的早期,那些对人类智力来说非常困难,但对计算机来说相对简单的问题得到迅速解决,比如那些可以通过一系列形式化的数学规则来描述的问题。但是,人工智能的真正挑战在于解决那些对人类来说可以凭借直觉轻易解决的任务,如语音识别、视觉识别、目标检测、自然语言处理等。很多这方面的知识是“只可意会而不可言传的”,人们很难用形式化的语言通过固定的“硬编码”的方式表达清楚,无法设计出足够复杂的形式化规则来精确地描述纷繁复杂而又变化多端的世界。

依靠硬编码的知识体系面临的困难表明,人工智能系统需要具备自己获取知识的能力,即具有学习的能力,能从原始数据中学得模型的能力,这种能力称为机器学习。机器学习弥补了形式逻辑的不足,可顺利地解决真实世界的复杂不确定性问题。机器学习并不需要将有关现实世界的所有知识“硬编码”至一系列严格的逻辑公式中,而是让机器从已有的训练数据中自行学得(归纳出)描述数据的模型,并根据得出的模型对未知的测试数据做出合理的预测,从而可以更好地处理某些特定任务。

人们在应用经典的机器学习方法时,需要对具体的问题或者数据有相当多的了解,并要从中人工地提取特征,才能很好地解决问题,如把原始数据(如图像的像素值)转换成一个适当的内部特征表示或特征向量以供算法和模型使用。传统的机器学习依赖于特征提取和特征表示,强烈依赖人类的先验知识,然而人工特征工程费时又费力,而且泛化能力还很弱。

深度学习是机器学习算法的一种,隶属于人工神经网络体系,深度学习可以说是深层神经网络。现在很多应用领域中性能最佳的机器学习都是基于模仿人类大脑结构的神经网络设计而来的。相比其他方法,深度学习在解决更复杂的问题上表现更优异。

深度学习是在神经网络基础上发展而来的一种表示学习(representation learning)方法,亦即一种特征学习方法。它从数据中提取出合理而高效的表达信息的特征,例如学到那些表征了声音、词、句子等的特征信息,从而实现和人类类似的对信息的分析、识别和理解能力。深度学习使用一系列非线性变换操作,把原始数据中提取到的简单特征进行组合,得到更高层、更抽象的特征表示。深度学习的核心是上述各层的特征表示都不是利用人工特征工程来得到的,而是从原始数据中自动地学习出来的,只依赖非常少量的人工先验知识,同时学到的特征便于迁移,能适用于更复杂的实际问题。

在传统机器学习中,人们为了避免过度拟合的问题,通常做法是减少维数,即从中选择重要的特征构建模型,以提高模型的推广(泛化)能力。但是,人们在进行特征选择的时候往往会纠结到底保留哪些特征,又将哪些特征剔除,但几乎每一个特征都或多或少包含一些人们关心的或者需要的信息,它们都能够为最终解决问题提供一些线索。此时患得患失的"特征选择纠结症"就会发作,人们难以在大量特征中做出数量有限的选择,而深度学习就是给"纠结症"者准备的一剂良药。深度学习具有更多的参数、更大的模型容量(capacity,模型容量是指其拟合各种函数的能力),以及非常出色的泛化能力,因此在深层神经网络训练中我们可以保留所有的特征。

相比于机器学习的其他分支都对应某一特定领域的专业研究,深度学习更加关注的是通用功能和用途的实现,广泛探索应用的可能性。

目前,深度学习在人工智能领域发挥着非常重要的作用,甚至可以说目前人工智能的发展正是得益于深度学习的发展。

总而言之,人工智能是社会发展的重要推动力,而机器学习尤其是深度学习技术就是当前人工智能发展的核心。

6.2 从神经元到深度学习

6.2.1 人工神经网络综述

人工神经网络(artificial neural networks,ANN)是一门重要的机器学习技术。它是目前最为火热的研究方向——深度学习的基础。学习神经网络不仅可以让我们掌握一门强大的机器学习方法,同时也可以更好地帮助我们理解深度学习技术。

人类具有学习能力,人的知识和智慧是在不断地学习与实践中逐渐形成和发展起来的。

学习过程离不开训练,学习过程实质上就是一种经过训练而使个体在行为上产生较为持久改变的过程。例如,游泳等体育技能的学习需要反复的训练才能提高,数学等理论知识的掌握需要通过大量的习题进行练习。一般来说,学习效果随着训练量的增加而提高,这就是学习的进步。

在大脑中,要建立功能性的神经元连接,突触的形成是关键,突触就是神经元与其他神经元的连接处。神经元之间的突触联系,其基本部分是先天就有的,但其他部分是由于学习过程中频繁地给予刺激而成长起来的。突触的形成、稳定与修饰均与刺激有关,随着外界给予的刺激性质不同,能形成和改变神经元间突触的联系。

人工神经网络的研究是基于对人类智能的观察:人类的智能来自于高度并行的、相对简单的非线性神经元网络,这些神经元通过调整其连接的强度来进行学习。人工神经网络的功能特性是由其连接的拓扑结构和突触连接强度(即连接权值)决定的。人工神经网络全体连接权值可用一个矩阵表示,它的整体反映了神经网络对于所解决问题的知识存储。人工神经网络能够通过对样本的学习训练,不断地改变网络的连接权值,进而调整网络的输出,通过实践检验网络的行为是否适应复杂多变的环境。学习与实践的不断循环往复,使人工神经网络呈现出"智能"的特性,从而使人工神经网络能够在复杂而多变的环境中游刃有余。实践是检验真理的唯一标准。

神经网络的学习算法很多,如监督学习、无监督学习等。监督学习采用的是纠错规则,在学习训练过程中需要不断地给网络成对提供一个输入模式和一个期望网络正确输出的模式,称为"教师信号",将神经网络的实际输出同期望输出进行比较,当网络的输出与期望的教师信号不符时,根据差错的方向和大小按一定的规则调整权值,以使下一步网络的输出更接近期望结果。在无监督学习过程中,神经网络能根据特有的内部结构和学习规则,在输入信息流中发现可能存在的模式和规律,同时能根据网络的功能和输入信息调整权值乃至网络结构,这个过程称为网络的自组织,其结果是使网络能对属于同一类的模式进行自动分类。

人工神经网络的运行一般分为学习(训练)阶段和实践阶段。学习训练的目的是为了从数据中提取隐含的知识和规律,并存储于网络中,供实践阶段使用,而实践阶段则是对学习阶段效果的检验与完善。

6.2.2　神经元

人工神经网络源于生物神经网络,尤其是人脑中的神经网络。了解生物神经网络的结构和原理,有助于对人工神经网络理解和应用。神经生理学和神经解剖学的研究结果表明,生物神经元是脑组织的基本单元,是生物神经系统结构与功能的单元。据估计,人类大脑大约有 10^{13} 个神经元,每个神经元与 $10^3 \sim 10^5$ 个其他神经元相连接,构成一个极为庞大而复杂的生物神经网络。生物神经网络中各神经元之间连接的强弱,按照外部的激励信号作自适应变化,而每个神经元又随着接收到的多个激励信号的综合结果呈现出兴奋与抑制状态。大脑的学习过程就是神经元之间连接强度随外部激励信息作自适应变化的过程,大脑处理信息的结果由各神经元状态的整体效果确定。显然,生物神经元是生物神经网络的最小单元。

生物神经元的形态不尽相同,功能也有差异,但从组成结构来看,各种神经元是有共性的。图 6.2 给出了一个典型生物神经元的基本结构示意图,从图中可以看出,一个生物神经元通常具有多个树突,主要用来接收传入信息的;而轴突只有一条,轴突尾端有许多轴突末梢,轴突末梢跟其他神经元的树突产生连接,从而传递信号,这个连接的位置在生物学上叫做"突触"。

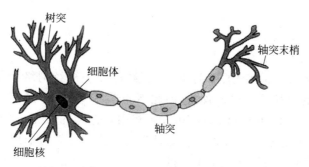

图 6.2 典型生物神经元的基本结构示意图

生物神经元的状态取决于从其他神经元收到的输入信号量及突触的强度(抑制或加强)。当信号量总和超过了某个阈值时,细胞体就会激动,产生电脉冲。电脉冲沿着轴突并通过突触传递到其他神经元。为了模拟神经元的行为,与之对应的人工神经元基础概念被提出,如权重(突触)、偏置(阈值)及激活函数(细胞体)。

生物神经元的信息处理有以下 6 个基本特征。

(1) 神经元及其连接。

(2) 神经元之间的连接强度决定信号传递的强弱。

(3) 神经元之间的连接强度是可以随训练而改变的。

(4) 信号可以是起刺激作用的,也可以是起抑制作用的。

(5) 一个神经元接收的信号的累积效果决定该神经元的状态。

(6) 每个神经元可以有一个"阈值"。

1943 年,心理学家 McCulloch 和数学家 Pitts 参考了生物神经元的结构,发表了抽象的人工神经元(neuron,神经元)模型 M-P。M-P 神经元模型示意图如图 6.3 所示,它是一个包含输入、输出与计算功能的模型,输入可以类比为生物神经元的树突,而输出可以类比为生物神经元的轴突,计算则可以类比为生物神经元的细胞核。M-P 神经元模型由输入、连接权重、阈值、求和单元和激活函数组成。图中,a_1,

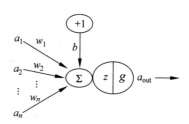

图 6.3 M-P 神经元模型示意图

$a_2,\cdots,a_n$ 是神经元的 n 维输入,即来自前级 n 个神经元的轴突的信息;$w_1,w_2,\cdots,w_n$ 分别是神经元对各输入的连接权重(weight),即突触的连接强弱,另外,还有权重为 b 的虚拟输入 1,b 称为偏置(bias),也称为阈值;$\sum$ 为求和单元,它将各输入在各连接权重下求加权和;$g(\cdot)$ 是激活函数(activation function),也称为传递函数(transfer function),它决定神经元受到各输入的共同刺激下是否被激活至兴奋状态,在 M-P 神经元模型中,激活函数 g 是阶跃型函数,也称为阈值函数,当这个函数的输入大于等于 0 时,输出为 1,否则输出为 0;a_{out} 是神经元的输出。

M-P 神经元模型的数学表达式为

$$z = w_1 a_1 + w_2 a_2 + \cdots + w_n a_n + b = \boldsymbol{w}^{\mathrm{T}} \cdot \boldsymbol{a} + b \tag{6.1}$$

$$a_{\mathrm{out}} = g(z) \tag{6.2}$$

式中：

$\boldsymbol{w}^{\mathrm{T}}$ 表示权重列向量的转置；

$\boldsymbol{a}$ 表示神经元输入列向量。

1943 年发布的 M-P 模型，虽然简单，但已经建立了神经网络大厦的地基。但是，在 M-P 模型中，权重的值都是预先设置的，因此不能学习。

1949 年心理学家 Hebb 提出了 Hebb 学习规则，认为生物神经元的突触(也就是神经元之间的连接)上的强度是可以变化的。于是计算科学家们开始考虑用调整权值的方法来让机器学习，这为后面的学习算法奠定了基础。

6.2.3 感知器

感知器(perceptron)，也可翻译为感知机，是美国心理学家 Frank Rosenblatt 于 1958 年提出的由两层神经元组成的一种最简单的前馈式神经网络(forward neural network)，也是一种早期的监督式学习算法。

Rosenblatt 感知器模型建立在 M-P 神经元模型上，即在 M-P 神经元模型输入位置上添加多个神经元节点，就构成了感知器，如图 6.4 所示，以解决二元线性分类问题。在感知器模型中，有两个层次，分别是输入层和输出层。输入层里的"输入单元"只负责传输数据，不做计算；而输出层里的"输出单元"则需要对前面一层的输入进行计算。人们把需要计算的层次称为"计算层"，并把拥有一个计算层的网络称之为"单层神经网络"。因此，在人工神经网络领域中，感知器也被称为单层神经网络，以区别于较复杂的多层感知器。

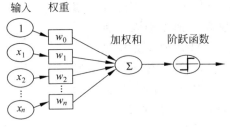

图 6.4　感知器模型示意图

Rosenblatt 在 Hebb 学习规则的基础上，发展了一种迭代试错、类似于人类学习过程的学习算法——感知器学习。感知器是当时首个可以学习的人工神经网络。

作为一种线性分类器，(单层)感知器可以说是最简单的前馈人工神经网络形式。尽管结构简单，但感知器能够学习并解决相当复杂的问题。感知器的主要缺陷是它不能处理线性不可分问题。1969 年，Marvin Minsky 和 Seymour Papert 在 *Perceptrons* 书中，仔细分析了以感知器为代表的单层神经网络系统的功能及局限，证明感知器不能解决简单的异或(XOR)等线性不可分问题。但 Rosenblatt 和 Minsky 等在当时已经了解到多层神经网络能够解决线性不可分的问题，只不过多层神经网络的计算是一个问题，当时没有一个有效的学习算法。

6.2.4 多层感知器

感知器仅能解决线性分类和简单函数逼近问题,而不能解决非线性分类和任意复杂函数的逼近问题,因此,这些问题限制了感知器的进一步发展。1974年哈佛大学Paul J. Werbos在他的博士论文里提出通过反向传播(backpropagation,BP)算法来训练人工神经网络。1986年美国麻省理工学院鲁梅尔哈特(D. E. Rumelhart)等人的计算实验证明了反向传播算法可以在神经网络的隐藏层中产生有用的内部表征,较好地解决了多层感知器的学习问题,开启了人工神经网络新的高潮,直到今天,BP算法仍然是人工神经网络中最重要、应用最多的有效的学习算法。1989年George Cybenko证明了"万能近似定理"(universal approximation theorem),也就是说多层感知器可以以任意精度近似任意复杂函数。

多层感知器(multilayer perceptron,MLP)主要是由多层神经元(神经元也称为节点或单元)通过全连接方式构成的神经网络,是一种前馈神经网络,也是一种监督式学习。

多层感知器模型结构含有输入层、输出层以及位于输入层与输出层之间的中间层,中间层有单层或多层,由于中间层与外界没有直接的联系,故中间层也称为隐藏层。

多层感知器模型的输入层与输出层的节点数是固定的,是由输入输出信号决定的,中间层的节点数是可以自由指定的。

多层感知器模型的输入层(input layer)用于接收输入信号并传递到下一层,对其输入的信号并不执行任何计算,没有自己的权重值和偏置值;隐藏层(hidden layer)和输出层(output layer)都是计算层,有自己的权重矩阵、偏置向量和激活函数,激活函数的目的是将非线性引入网络中,非线性能使网络以任意精度逼近非线性函数关系。

多层感知器模型的层与层之间是通过全连接(full connected,FC)方式连接在一起的,全连接的含义是指网络中的第n层的每个神经元与第$n-1$层的所有神经元相连。一般输入层是不计入神经网络层数的,如果一个神经网络有L层,那么就意味着它有$L-1$个隐藏层和1个输出层。

图6.5所示的是一个多层感知器的模型结构,其模型中的每一层的每一个神经元都可以用如下的数学表达式描述

$$z_i^{[l]} = \boldsymbol{w}_i^{[l]\mathrm{T}} \cdot \boldsymbol{a}^{[l-1]} + b_i^{[l]} \tag{6.3}$$

$$a_i^{[l]} = g^{[l]}(z_i^{[l]}) \tag{6.4}$$

式中:

上标$[l]$表示多层感知器的第l层;

下标i表示多层感知器的某一层的第i个神经元;

$z_i^{[l]}$是多层感知器的第l层的第i个神经元的输入的线性组合;

$\boldsymbol{w}_i^{[l]\mathrm{T}}$是多层感知器的第$l$层的第$i$个神经元的权重列向量的转置;

$b_i^{[l]}$是多层感知器的第l层的第i个神经元的偏置;

$a_i^{[l]}$是多层感知器的第l层的第i个神经元的激活函数的输出,也叫激活值(activation values);

$\boldsymbol{a}^{[l-1]}$是第$l-1$层的所有神经元的输出列向量,同时也是第l层的神经元的输入列向量。

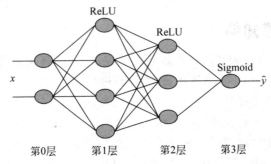

图 6.5　多层感知器模型示意图

多层感知器的每一层的每一个神经元的数学表达式都是相似的,因此,为了加速计算,我们可以将同一层的每个神经元的权重列向量 w 的转置堆叠成权重矩阵 W;相似地,将同一层的各个神经元的偏置也堆在一起组成偏置列向量 b。这样多层感知器某一层的所有神经元的数学表达式可以简化为

$$z^{[l]} = W^{[l]} \cdot a^{[l-1]} + b^{[l]} \tag{6.5}$$

$$a^{[l]} = g^{[l]}(z^{[l]}) \tag{6.6}$$

式中:

$a^{[l]}$ 表示第 l 层的激活列向量,即第 l 层的输出列向量;

$a^{[0]} = x$,x 是神经网络的输入列向量,即一个输入样本;

$W^{[l]}$ 和 $b^{[l]}$ 分别表示第 l 层的权重矩阵和偏置向量。

上面式子中仅包含一个训练样本(training sample)。但在神经网络的学习过程中,每一次迭代通常都会处理一个小批量训练样本。因此,为了加速计算,需要对上式进行多样本矩阵化。假设每个小批量有 m 个训练样本,首先将上式中的列向量 x、a、z 分别扩展为具有 m 列的矩阵 X、A、Z;然后用矩阵 X、A、Z 替换上式中的列向量 x、a、z,得到在多样本环境下的多层感知器的某一层的数学表达式为

$$Z^{[l]} = W^{[l]} \cdot A^{[l-1]} + b^{[l]} \tag{6.7}$$

$$A^{[l]} = g^{[l]}(Z^{[l]}) \tag{6.8}$$

至此,多层感知器的模型结构已确定好了,接下来将要确定多层感知器的模型参数值了(即模型的权重参数值和偏置参数值)。由于多层感知器的层数较多,神经元数量也较大,且处理的问题多为非线性分类和回归问题,因此模型参数的求解方法难以采用基于给定样本集的解析优化方法,而要采用基于给定样本集的学习(训练)算法。

多层感知器的模型参数可以通过学习求得,但是多层感知器的其他参数如连接的方式、网络的层数、每层的单元数、激活函数的选取以及学习率等参数,则不是学习出来的,而是人为预先设置的,对于这些人为设置的参数,我们称之为超参数(hyper parameters)。

多层感知器采用监督学习方式。基于给定样本集的学习算法其实就是不断地调整模型参数值,以使目标函数(也称误差函数、代价函数、损失函数)最小化,从而发现隐藏在数据中的模型。在实际应用中,大部分从业者都使用一种称为随机梯度下降(SGD)的学习(训练)算法。由于负梯度方向是函数值下降最快的方向,因此随机梯度下降算法通过一部分输入样本,计算目标函数对模型参数的平均梯度,然后从模型参数的初始值出发,沿着负的平均

梯度向量方向,调整模型参数值,使目标函数值下降;通过提供小的样本集合来重复这个训练网络的过程,最终使得目标函数值逐渐逼近极小值。它之所以被称为随机梯度下降算法,是因为小的样本集对于全体样本的平均梯度来说会有噪声估计。这个简单过程通常会找到一组不错的模型参数值,同其他精心设计的优化技术相比,它的速度令人接受。

由于多层感知器模型结构复杂,每次计算梯度的代价很大,因此还需要使用反向传播算法(BP算法)来求解目标函数关于多层神经网络的权重和偏置的梯度。反向传播算法实质上就是求多元复合函数偏导数的链式法则的具体应用而已。

反向传播算法从多层感知器的输出层一直到输入层,逐层计算目标函数对输出层和隐藏层的权重和偏置的梯度。也就是说,反向传播算法利用神经网络的结构进行计算,不是一次性计算所有模型参数的梯度,而是从后往前一层一层地计算。

多层感知器在训练集上学习(训练)结束之后,还需要在未训练过的新样本集上进行测试与评估。

6.2.5 深度学习

深度学习实质上就是深层神经网络。深度学习是机器学习的一种算法,是人工智能的基础技术之一。深度学习在人工智能领域发挥着非常重要的作用,甚至可以说当前人工智能的发展正是得益于深度学习的发展。深度学习可以自动地从输入数据中学习特征,深度学习模型中的浅层结构提取简单的特征,深层结构则基于浅层结构获取的特征提取更为高级、更为抽象的特征,这是深度学习区别于传统机器学习的一种新的学习方式。

深度学习的典型模型是多层感知器(MLP),此外,还有其他常用的深度学习模型如卷积神经网络(convolutional neural network,CNN)、循环神经网络(recurrent neural network,RNN)和长短时记忆(long short-term memory,LSTM)网络等。MLP和CNN都是前馈神经网络,RNN和LSTM属于反馈神经网络。前馈神经网络模型与一有向无环图相关联,该有向无环图描述了函数是如何复合在一起的,在模型的输出与模型自身之间没有反馈连接。当前馈神经网络被扩展成包含反馈连接时,它们就被称为循环神经网络。前馈神经网络是反馈神经网络的概念基石。深度卷积神经网络在处理图像、视频、语音和音频等方面带来了很大的突破,而循环神经网络在处理序列数据,比如文本和语音方面表现出了闪亮的一面。

相比于浅层学习(shallow learning),深度学习模型中的层数增加了很多。增加更多的层数有什么好处?这些好处概括来说,就是更深入的表征学习能力和更强的函数拟合能力。

更深入的表征学习能力可以这样理解,即深度学习就是一种表征学习方法,它把原始数据通过足够多的、简单的非线性复合模型,转换成为更高层次的、更加抽象的表达。例如,对于分类任务来说,高层次的表达能够强化输入数据的区分能力,同时削弱不相关因素,因此随着网络层数的增加,每一层对于前一层次的抽象表示更深入。比如,一幅图像的原始格式是一个像素数组,那么第一个隐藏层学习到的是"边缘"的特征,第二个隐藏层学习到的是由"边缘"组成的"形状"的特征,第三个隐藏层学习到的是由"形状"组成的"图案"的特征,最后的隐藏层学习到的是由"图案"组成的"目标"的特征。通过抽取更抽象的特征来对事物进行区分,从而获得更好的区分与分类能力。更深的网络往往比浅层的网络具有更好的识别效率,即更深层的网络模型具有更好的泛化能力。

实验表明,增加模型的参数数量,但不增加模型的深度,在提升模型的泛化性能方面几乎没有效果,而随着模型深度的增加,模型在测试集上的准确率不断增加。更深的模型能够在更复杂的学习任务中实现更高的精度、更低的错误率。这点也在 ILSVRC 的多次大赛中得到了证实。从 2012 年起,每年获得 ILSVRC 冠军的深层神经网络的层数逐年增加。

更强的函数拟合能力是由于随着深度学习模型层数的增加,模型中神经元的数目就越多,整个网络的参数也就越多。而更多的参数就意味着模型的容量更大,模型拟合各种函数的能力就更强。

在单层神经网络中,我们使用的激活函数是阶跃函数。到了两层神经网络中,我们使用最多的激活函数是 Sigmoid 函数(又称为 S 型函数)。目前,在深度学习中,最流行的激活函数是非线性函数 ReLU(rectified linear unit,线性整流函数,又称为修正线性单元)。函数 ReLU 的表达式非常简单,就是 $y = \max(x, 0)$,简而言之,在 x 大于 0 时,输出就是输入,否则输出就保持为 0。这种函数的设计启发来源于生物神经元对于激励的线性响应,以及当低于某个阈值后就不再响应的模拟。深度学习研究的一大突破是新型激活函数的出现,例如用函数 ReLU 替换函数 Sigmoid。

ReLU 函数作为激活函数,有以下几大优势。

1)简化计算过程

和 Sigmoid 函数需要计算指数和倒数相比,ReLU 函数其实就是一个 $\max(x, 0)$,计算代价小很多。

2)减轻梯度爆炸或消失的问题

在使用反向传播算法进行梯度计算时,每经过一层 Sigmoid 神经元时,在计算梯度的公式中,就要乘上一个 Sigmoid 函数的导数。而 Sigmoid 函数的导数的最大值是 1/4,因此会导致梯度越来越小,这对于深层网络的训练是个很大的问题;同时,Sigmoid 函数在正无穷处和负无穷处会出现趋于零的导数,这也是梯度消失及训练缓慢甚至失败的原因。而函数 ReLU 的导数在正数部分恒等于 1,这样在深层神经网络训练过程中,在激活函数的导数部分就不存在导致梯度过大或者过小的问题,缓解了梯度消失或梯度爆炸的问题,减轻了深度学习模型训练的难度。当然,激活函数仅仅是导致梯度减小的一个因素,但无论如何在这方面 ReLU 的表现强于 Sigmoid。使用 ReLU 激活函数可以训练更深的神经网络模型。

3)仿生物学原理

通过对大脑的研究发现,大脑在工作的时候大概只有 1%～4% 的神经元是激活的,而采用 Sigmoid 激活函数的人工神经网络,其激活率大约是 50%。有论文声称人工神经网络在 15%～30% 的激活率时是比较理想的。ReLU 函数在输入小于 0 时是完全不激活的,因此可以获得一个更低的激活率。

当然,函数 ReLU 也存在一些缺点,例如,ReLU 过滤了负数部分,导致部分信息的丢失,输出的数据不是在以 0 为中心的数据分布上;ReLU 的输入值为负的时候,输出始终为 0,其一阶导数也就为 0,这样会导致神经元不能更新参数,也就是神经元不能学习了。为了解决 ReLU 的上述问题,人们设计了 LeakyReLU 函数(带泄露整流线性函数),即

$$f(x) = \begin{cases} x, & x > 0 \\ \lambda x, & x \leqslant 0 \end{cases} \tag{6.9}$$

式中：λ 为一常数，$\lambda \in (0,1)$。

图 6.6 展示了 Sigmoid 和 ReLU 激活函数图形及其导数图形。

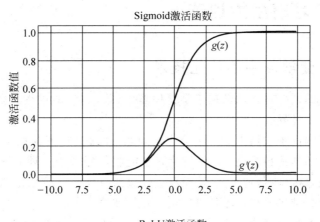

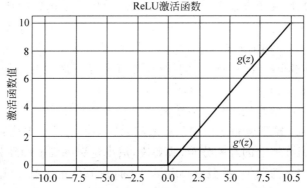

图 6.6　Sigmoid 和 ReLU 激活函数图形及其导数图形

从单层神经网络到两层神经网络再到多层神经网络，随着网络层数的不断增加，以及激活函数的调整等，深层神经网络的学习能力与日俱增。当然，光有强大的内在能力，并不一定能成功。一个成功的技术与方法，不仅需要内因的作用，还需要时势与环境的配合。深度学习发展的外部原因可以总结为：更强的计算能力、更多的数据，以及更好的训练方法。如图 6.7 所示，随着数据量的增多，深度学习的性能随之不断提升，而传统的机器学习算法在大数据面前却表现平平。

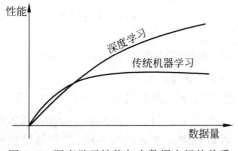

图 6.7　深度学习性能与大数据之间的关系

6.3 深度学习模型的训练

6.3.1 深度学习中的优化技术

深度学习模型的训练是指从数据中学得模型(决策函数)的过程。因此,深度学习模型的训练就是一个建模过程。

深度学习模型的训练实质上是一个最优化问题,即通过求解最优化问题来完成建模过程。深度学习模型的训练目标是:确保优化算法能收敛到一个合理的解(收敛性);确保优化算法尽可能快地收敛(收敛速度);确保算法收敛到更好的解(收敛质量)。

优化技术是影响神经网络的整体性能的关键因素之一。

最优化问题指的是改变决策变量以最小化或最大化某个函数的任务,我们把要最小化或最大化的函数称为目标函数(objective function)。对于深度学习来说,决策变量就是神经网络的模型参数$\boldsymbol{\theta}$,目标函数被称为代价函数(cost function)、损失函数(loss function)或误差函数(error function)。深度学习模型的训练就是寻找最优的神经网络模型参数$\boldsymbol{\theta}$,以使模型的代价函数最小。

大多数现代神经网络都使用最大似然估计法导出代价函数。关于最大似然估计法,我们可以直观地理解为:模型分布应该在已经取到的样本值上的概率比较大,也就是说,模型分布应尽可能匹配训练集上的经验分布,或者说,最小化训练集上的经验分布和模型分布之间的差异。当然在理想情况下,模型分布应尽可能匹配真实的数据生成分布,但是我们通常无法知道这个分布。由于最大似然估计与最小化负对数似然是等价的,因此为了便于计算,我们使用最小化负对数似然作为代价函数。

代价函数可以表示为

$$\min J(\boldsymbol{\theta}) = \frac{1}{m} \sum_{i=1}^{m} L(f(\boldsymbol{x}^{(i)} ; \boldsymbol{\theta}), \boldsymbol{y}^{(i)}) \tag{6.10}$$

式中:

$J(\boldsymbol{\theta})$是模型参数$\boldsymbol{\theta}$(即决策向量)的代价函数;

m 表示训练样本的个数;

L 表示第i个样本的损失函数(负对数似然函数),即

$$L(f(\boldsymbol{x}^{(i)} ; \boldsymbol{\theta}), \boldsymbol{y}^{(i)}) = -\log p(\boldsymbol{y}^{(i)} \mid \boldsymbol{x}^{(i)}, \boldsymbol{\theta}) \tag{6.11}$$

式中:

$f(\boldsymbol{x}^{(i)} ; \boldsymbol{\theta})$表示输入$\boldsymbol{x}^{(i)}$时的网络预测输出;

$\boldsymbol{y}^{(i)}$表示网络的期望(目标)输出。

从负对数似然代价函数可以导出许多具体的代价函数,例如用于分类的交叉熵(cross entropy)代价函数,用于回归的均方差(mean squared error)代价函数等。

为了最小化代价函数,可以利用代价函数的一阶、二阶偏导数等解析方法求解,这在理论上当然是成立的。但在深度学习算法中,由于模型参数数量较多,且代价函数是非常复杂的非线性函数,因此,采用解析法求解很困难,在实际应用中,则广泛采用数值方法来直接求解。

　　数值优化方法中常用的是迭代优化法,这种方法具有简单的迭代格式,适用于计算机反复运算。数值的迭代过程就是使目标函数逐步向最优点逼近的过程,通常得到的最优解是一个可满足精度要求的近似解。

　　迭代优化法的基本思想如下。

　　首先,选择一个尽可能接近极值点的初始决策点$\boldsymbol{\theta}^{(0)}$,从这个初始决策点出发,按照依据某种方法确定的一个使目标函数值下降的可行方向,走一定的步长,得到第一个新的决策点$\boldsymbol{\theta}^{(1)}$。初始决策点$\boldsymbol{\theta}^{(0)}$和第一个新决策点$\boldsymbol{\theta}^{(1)}$的目标函数值应满足

$$J(\boldsymbol{\theta}^{(0)}) > J(\boldsymbol{\theta}^{(1)}) \tag{6.12}$$

　　然后,以点$\boldsymbol{\theta}^{(1)}$作为新的出发点,重复上述步骤得到第二个决策点$\boldsymbol{\theta}^{(2)}$。继续下去,依次可得到决策点$\boldsymbol{\theta}^{(3)}$,$\boldsymbol{\theta}^{(4)}$,$\cdots$,最终得到一个近似的最优点$\boldsymbol{\theta}^{(*)}$,它与理论的最优点的逼近程度应满足一定的精度要求。

　　迭代优化法的迭代过程可用下列式子来表示,在决策变量空间中,设从某一决策点$\boldsymbol{\theta}^{(k)}$到下一个决策点$\boldsymbol{\theta}^{(k+1)}$,则向量$\boldsymbol{\theta}^{(k+1)}$与向量$\boldsymbol{\theta}^{(k)}$之差也是一个向量,这个向量以$\boldsymbol{\theta}^{(k)}$为起点指向$\boldsymbol{\theta}^{(k+1)}$,可以写为

$$\Delta\boldsymbol{\theta}^{(k)} = \boldsymbol{\theta}^{(k+1)} - \boldsymbol{\theta}^{(k)} \tag{6.13}$$

　　一个向量是由它的方向和长度确定的,设向量$\Delta\boldsymbol{\theta}^{(k)}$的方向为$\boldsymbol{S}^{(k)}$,步长因子为$\eta$(也称为学习率),则上式可写为

$$\boldsymbol{\theta}^{(k+1)} = \boldsymbol{\theta}^{(k)} + \eta\boldsymbol{S}^{(k)} \tag{6.14}$$

　　迭代中,应选择适当的搜索方向和最佳步长因子,使得目标函数值逐渐下降,具有这种性质的迭代算法称为下降算法。在优化计算中一般都属于下降算法。

　　根据确定搜索方向所使用信息性质的不同,数值优化方法可以分为两类:一类是利用目标函数的一阶或二阶导数信息的无约束优化方法,如最速下降法、牛顿法、共轭梯度法及变尺度法等;另一类是只利用目标函数值信息的无约束优化方法,如坐标轮换法、鲍威尔(Powell)法及单纯形法等。第一类方法由于考虑了函数的变化率,因而收敛速度较快,但计算量一般较大;第二类方法能够避免在迭代过程中求解 Hessian 矩阵,进而可有效地减小计算量。

6.3.2　梯度下降算法及其改进

　　最速下降法是求解无约束多元函数极值问题的古老算法之一,早在 1847 年就已由柯西(Cauchy)提出。该方法形式直观、原理简单,是其他更为实用有效的无约束和约束优化方法的理论基础。

　　由数学微积分知识可知,正梯度方向是函数值增加最快的方向,而负梯度方向是函数值下降最快的方向。因此,要使目标函数值最小,很自然的想法是从某决策点出发,取该决策点的负梯度方向(最速下降方向)作为搜索方向,即令

$$\boldsymbol{S}^{(k)} = -\nabla J(\boldsymbol{\theta}) \tag{6.15}$$

进而形成以下的迭代优化算法(模型参数更新算法)

$$\boldsymbol{\theta}^{(k+1)} = \boldsymbol{\theta}^{(k)} - \eta\nabla J(\boldsymbol{\theta}) \tag{6.16}$$

最速下降法是以负梯度方向作为搜索方向,因此最速下降法又称为梯度下降法。

　　不同于传统机器学习算法,深度学习算法的性能随着数据量的增加而不断提升。深度

学习算法中的代价函数通常可以分解成每个样本的损失函数的总和。对于这些相加的损失函数,梯度下降算法的每一次迭代都需要计算训练集中的每个样本的损失函数的梯度。随着训练集规模的增长,梯度下降算法会消耗相当长的计算时间。因此,几乎所有的深度学习算法都用到了一个非常重要的算法——随机梯度下降算法(stochastic gradient descent,SGD)。随机梯度下降算法是梯度下降算法的扩展。

由于代价函数的梯度是期望,期望可使用小规模的样本近似估计。随机梯度下降算法在每一次迭代中仅仅计算训练集中的一个小批量(mini batch)样本的梯度,将其作为真实梯度的估计值,这样做不仅计算效率高,而且收敛较快。

所谓"小批量"是指从训练集中随机选择一个子集。假设训练集包含 M 个样本,而每个小批量的数量为 m,则整个训练集被分为 M/m 个小批量。在模型进行训练时,执行完一个小批量的样本,叫做完成训练的一次迭代(step),训练完 M/m 步,则完成一轮(epoch)训练,然后随机打乱训练数据,开始下一轮训练。因此,模型训练是由多轮(epoch)组成的。

目前可以实验证实的是:小批量取较小数量时,训练出来的模型泛化性能会更好,即在测试集上的预测精度会更高。小批量的数量通常是一个相对较小的数,一般的小批量大小为 $64\sim512$,考虑到电脑内存设置和使用的方式,如果小批量大小是 2^n,代码运行会快一些。当训练集增长时,小批量通常是固定的。我们可能在拟合几十亿个的样本时,每次更新计算只用到几百个样本。

实践证明,随机梯度下降算法在深度学习模型训练中的效果不错,该优化算法不一定能保证在合理的时间内达到一个局部最小值,但它通常能及时找到代价函数的一个很小的值,并且是很有用的。

虽然梯度下降算法是非常受欢迎的优化方法,但其学习过程有时会很慢,这是因为梯度下降算法中相邻两次迭代的梯度方向是相互正交的,因此,随着迭代过程的进行,梯度下降算法的搜索路径呈现"之"字形的锯齿现象,越靠近极小点,搜索点的密度越大,在极小点附近不断徘徊,降低了收敛速度。梯度是函数的局部性质,从局部看,在一点附近函数的下降速度是快的,但从总体上看则走了许多弯路。梯度下降算法的收敛速度还与变量的尺度有关,例如,当二次代价函数等值线为椭圆族的长短轴相差越大时,迭代次数就会越多,收敛就会越慢;而当二次代价函数等值线为圆族时,则一次迭代就能到达极小点,这是因为圆周上任意一点的负梯度方向总是指向圆心的。变量的尺度变换是放大或缩小各个坐标,尺度变换技术可以显著地改进几乎所有极小化方法的收敛性质。

综上所述,随机梯度下降算法的更新方向完全依赖于当前小批量计算出的梯度,在学习过程中随机梯度下降算法经常发生振荡,收敛缓慢。

带动量的随机梯度下降算法旨在解决上述问题,加速学习过程。动量(momentum)算法借用物理学中的动量概念,模拟物体运动时的惯性,即在模型参数更新的时候,在一定程度上保留之前更新的方向,同时利用当前的梯度调整最终的更新方向。

具体来说,动量算法就是用之前负梯度的指数级衰减的移动平均值修正当前的负梯度方向,来作为当前模型参数在参数空间中的移动方向,并尽可能继续沿该方向移动。动量算法会观察历史梯度,当梯度下降保持原来的方向时,就会增加下降的步幅,从而更快地达到最优值;当梯度下降方向改变时,动量法就会利用先前的梯度指数衰减移动平均值对当前梯度方向进行修正,使得梯度下降方向改变量平滑一些,这样一来,动量算法就可以在一定程度上增加学习过程的稳定性,有助于减小梯度下降方向的振荡,从而使神经网络学习过程较快地收敛到较优值。

动量算法的模型参数θ的更新规则如下

$$\boldsymbol{v} \leftarrow \mu \boldsymbol{v} - \eta \nabla J(\boldsymbol{\theta}) \tag{6.17}$$

$$\boldsymbol{\theta} \leftarrow \boldsymbol{\theta} + \boldsymbol{v} \tag{6.18}$$

式中:动量系数μ为一个超参数,它决定先前梯度的贡献衰减得有多快,在实践中,μ一般取值0.5、0.9和0.99;$\boldsymbol{v}$为速度向量。

在随机梯度下降算法中,学习率η决定着在负梯度方向上移动步伐的大小。它的选择非常重要,因为它对模型的性能有着显著的影响。在随机梯度下降算法中,学习率是固定不变的。然而在实际应用中,很难确定一个从始至终都合适的最佳学习率。从代价函数曲面上可以看出,在平坦区域内学习率太小会使训练次数增加,因而希望增大学习率;而在曲面变化剧烈的区域,学习率太高,会因调整量过大而跨过较窄的"坑凹"处,使训练过程出现振荡,反而使训练次数增加。为了加速训练收敛过程,一个较好的思路是自适应调整每个模型参数的学习率。常用的自适应学习率算法有AdaGrad、RMSProp、Adam、AMSGrad等,有兴趣的读者可以参考相关书籍,这里就不再赘述。

6.3.3 深度学习模型的训练过程

概括来讲,深度学习模型的训练过程主要包括以下几个步骤。

1. 数据预处理

在建立深度学习模型时,重要的是要知道数据集并不完美,里面充满了不确定性,因为数据是从现实世界中采集而来的,而现实世界充满了怪诞奇葩的事情。如果数据没有完成预处理,那么模型很可能无法输出有意义的结果,即"输入的是垃圾,输出的也是垃圾"。因此数据预处理是建立深度学习模型的第一步(也很可能是最重要的一步),对最终模型性能有着决定性的作用。

深度学习算法需要大量的数据才能正常工作。使用不具有代表性的数据集训练出的模型不可能做出准确的预估。低质量的数据将使模型更不太可能表现良好。

不同的数据收集方式会产生出真实数据本身并不存在的数据趋势。例如,由于周末原因,某医院人手不足,无法及时报告某疾病的全部数据,这将导致该疾病的周末数据量下降,而周末之后的数据量相应上升。

对于数据集中类别不平衡的数据,即在分类任务中不同类别的训练样本数量差别很大,如在信用卡欺诈检测数据集中,大多数信用卡交易数据都不是欺诈类型,仅有很少一部分数据是欺诈类型。对于数据不平衡问题可以采用欠采样或过采样方法解决,欠采样(under sampling)就是从数据量多的类别数据中随机删除一部分数据,而过采样(over sampling)就是为数量少的类别数据随机生成新的样本数据。欠采样和过采样统称为重采样。

如果数据集没有被打乱,并且有一个特定的顺序(如按标签排序),这可能会对学习产生负面影响,需要打乱(shuffle)数据集以避免这种情况。

对于数据集中的多属性数据,可以考虑是否要引入哑变量(也叫虚拟变量,dummy variables),引入它的目的就是将不能够定量处理的变量量化,还可以进一步考虑是否要对哑变量进行One Hot Encoder编码。

对于数据集中的缺失数据,我们需要针对特定的特征和数据集进行研究,据此决定处理缺失数据的最佳方式。如果只有少量记录(即样本)的缺失值的数量超过某一阈值时,则从数据集中删除那些记录。如果某些特征具有较高的缺失值百分比,则删除那些特征。如果需要给缺失数据分配新值时,对于特征是分类变量时,可以用众数来填充缺失值;对于特征是连续变量时,可以用中位数或平均数来填充缺失值,也可以根据实际情况采用特征预测建模法、K 最近邻填补法等方法填充缺失值。

对于数据集中的异常数据(离群数据,outliers),其处理方法与处理缺失值相似:要么删除,要么修改,要么保留。

对于不必要的数据,如重复数据、不相关数据等,则删除这些数据。

对于不一致的数据,如大小写不一致、格式不一致(时间、地址等),则标准化那些数据。

数据集中的数据经常包含很多不同类别的特征(属性),这些特征的值域可能大不相同,如果使用原值域将会使值域大的特征被赋予更多的权重。针对这个问题,可以采用特征缩放(features scaling)的方法将所有特征都放在相似的范围内,使得每个特征都变得同等重要,采用这种方法既可以解决数据指标之间的可比性,又可以加速模型训练,提升模型性能。特征缩放方法就是通常所说的"归一化"和"标准化"方法。标准化方法的结果是使所有特征的数值被转化为均值为 0、标准差为 1 的正态分布。归一化方法的计算公式如下

$$x_{norm} = \frac{x - \min(x)}{\max(x) - \min(x)} \tag{6.19}$$

对于图像处理任务来说,下载的数据集中可能包含很多不同尺寸的图片,这就需要将这些图像的尺寸调整为固定的大小,并且将所有的原始像素值归一化至 $[0,1]$ 区间。

数据增强技术可以增加数据集中的样本数量,确保数据集中有足够多的样本,因此数据增强技术也是一种数据预处理的方法,它能有效地降低模型的泛化误差。

为了避免测试集中的数据泄露所导致的对模型性能的错误估计,数据转换(如数据标准化、数据缺失值估计等)应只在训练集中进行。

2. 模型架构定义

神经网络模型架构是指网络的整体结构,主要考虑神经网络的输入维度(一般输入层是不计入神经网络的层数的)、神经网络的深度(即网络的层数)、神经网络每一层的宽度(即每一层神经元的个数)、神经网络每一层的激活函数、层与层之间的连接方式、模型优化的目标函数等。

即使只有一个隐藏层的网络也足够适应训练集,但更深层的网络通常能够使每一层使用更少的单元数和更少的参数,并且经常容易泛化到测试集。但是更深层的网络通常也更难以训练学习,这主要是因为不稳定梯度的问题。对于一个具体的任务,理想的网络架构必须通过实验,观测在验证集上的误差来找到。

在实践中,神经网络显示出相当丰富的多样性,许多神经网络架构已经被开发用于特定的任务,例如用于计算机视觉的卷积神经网络架构,用于序列处理的循环神经网络架构,它们都有自己的特殊架构。

3. 模型参数初始化

深度学习模型的训练算法通常采用迭代方法,这就要求使用者必须确定模型参数的初始迭代点,因此深度学习模型参数的初始化是模型训练过程中的重要基础环节。模型参数

初始化极大地依赖于开发者的经验,模型参数初始化值过大可能会导致梯度爆炸,模型参数初始化值过小可能会导致梯度消失。总而言之,使用不合适的值对模型参数进行初始化,可能将导致模型训练过程的发散或减慢,进而影响深度学习模型的性能。

在初始化隐藏层的权重 W 时,如果将每个神经元的权重都初始化为相同的常数,那么在网络前向传播某个输入时,同一隐藏层中的不同神经元将会对误差产生相同的影响,进而导致相同的梯度,这将阻止不同的神经元学习不同的事情。

模型参数初始化的目的是为了防止深度神经网络在前向传播时每层激活函数的输出值过大或过小,从而导致反向传播时代价函数的梯度出现爆炸或消失。因此,模型参数初始化的目标就是要使每层激活值的均值为零,每层激活值的方差保持不变,即希望以下内容

$$E(\boldsymbol{a}^{[l-1]}) = E(\boldsymbol{a}^{[l]}) \tag{6.20}$$

$$Var(\boldsymbol{a}^{[l-1]}) = Var(\boldsymbol{a}^{[l]}) \tag{6.21}$$

式中: $\boldsymbol{a}^{[l]}$ 表示深度神经网络第 l 层的输出。

可以使用 Xavier 初始化方法或 Kaiming 初始化方法确定权重参数的初始化值。Xavier 初始化方法一般要和 tanh 激活函数一起使用,而 Kaiming 初始化方法一般要和 ReLU 激活函数一起使用。偏置参数 $\boldsymbol{b}$ 可以初始化为零。

还可以采用迁移学习方法(预训练方法)进行模型参数的初始化。

4. 循环迭代

我们以多层感知器为例,介绍循环中的每次迭代的流程。

1) 前向传播(forward propagation)

在前向传播中,从神经网络的输入层到神经网络的输出层,逐层计算

$$\boldsymbol{Z}^l = \boldsymbol{W}^{[l]} \cdot \boldsymbol{A}^{[l-1]} + \boldsymbol{b}^{[l]}$$

$$\boldsymbol{A}^{[l]} = g^{[l]}(\boldsymbol{Z}^{[l]})$$

式中: $\boldsymbol{A}^{[0]} = \boldsymbol{X}$ 。

最后计算出当前的代价函数。

目前,各种深度学习模型广泛使用一种被称为 Normalization 的技术,这种技术已经成为深度神经网络不可或缺的重要组成部分。Normalization 的中文翻译一般叫做"规范化"或"归一化"。目前有两种在神经元中应用 Normalization 技术的方式,第一种方式是原始 Batch Normlization 论文中提出的在神经元激活函数之前使用 Normalization 技术;另外一种方式是后续研究提出的在神经元激活函数之后使用 Normalization 技术。本文采用第二种方式介绍 Normalization 技术。

运用 Normalization 技术的目标是将神经元的激活值限定在标准正态分布范围中。具体变换公式如下

$$\mu = \frac{1}{m} \sum_1^m a_i \tag{6.22}$$

$$\sigma^2 = \frac{1}{m} \sum_1^m (a_i - \mu)^2 \tag{6.23}$$

$$\tau = \frac{a_i - \mu}{\sigma} \tag{6.24}$$

$$a_i^{\text{norm}} = \gamma_i \cdot \tau + \beta_i \qquad (6.25)$$

式中：a_i 是神经元在 Normalization 之前的激活值，a_i^{norm} 是神经元激活值经 Normalization 变换后的规范值；

μ 和 σ 分别是依据某种样本统计推断出的神经元激活值的均值和标准差；

γ_i 和 β_i 是两个微调因子，对 Normalization 变换之后的标准值进行缩放和平移，以保证标准值能保留原有学习来的特征。

Normalization 技术主要有 Batch Normalization（BN）、Layer Normalization（LN）、Instance Normalization（IN）以及 Group Normalization（GN）。这些技术的基本目标和规范化公式都是大同小异的，它们之间的最大区别在于选取什么样的统计样本来推断出神经元激活值的均值和方差，不同的 Normalization 技术采用了不同的统计样本。

对于 MLP，BN 将 mini batch 中的 n 个输入样本经过隐藏层的同一个神经元所产生的 n 个激活值作为计算该神经元规范值的统计样本。对于 CNN，BN 将 mini batch 中的 n 个输入样本经过卷积层中的同一个卷积核所产生的 n 个输出特征图上的全部单元作为计算该输出通道规范值的统计样本。

对于 MLP，LN 是在单个输入样本的情况下，将同一隐藏层的所有神经元所产生的激活值作为统计样本；对于 CNN，LN 是在单个输入样本的情况下，将同一卷积层所生成的全部输出通道上的单元激活值作为统计样本；对于 RNN，LN 是在单个输入样本的情况下，将每个时间步的隐藏层中的所有神经元激活值作为统计样本。

IN 也是在单个输入样本的情况下，将 CNN 中的同一卷积层的每个输出通道上的全部单元作为计算该通道规范值的统计样本。

GN 也是在单个输入样本的情况下，将 CNN 中的同一卷积层所生成的所有输出通道进行分组，然后在分组范围内做统计推断。

BN 目前在 MLP 和 CNN 中的应用是非常成功的，但在 RNN 上应用效果不明显；LN 目前可能只适合用在 RNN 模型中，而在 CNN 模型中的应用效果不如 BN 和 GN 技术。RNN 模型和 MLP 模型是无法进行 IN 变换的；GN 目前只在 CNN 模型中进行过研究和实践。

为什么 Normalization 技术能够成为深度学习不可或缺的重要组成部分呢？最近一些学者对此做了深入的研究，研究表明 Normalization 技术的主要作用可能是：第一，神经元激活值经过 Normalization 处理之后具有了 Re-Scalling 不变性，也就是说，模型参数的变化对模型的输出几乎没有什么影响；第二，模型损失函数的曲面变得更加平滑。因此，Normalization 技术有利于稳定模型训练，防止训练中出现梯度爆炸/梯度消失问题，从而加速网络收敛；第三，可以使用较大的学习率，可以使模型不再依赖精细的参数初始化方法；第四，可以正则化模型以降低模型过拟合。

2）反向传播（backward propagation）

在反向传播中，从神经网络的输出层一直到输入层，反向逐层计算当前的代价函数关于权重 $\boldsymbol{W}^{[l]}$ 和偏置 $\boldsymbol{b}^{[l]}$ 的梯度：首先计算代价函数对 $\boldsymbol{Z}^{[l]}$ 的偏导数 $\mathrm{d}\boldsymbol{Z}^{[l]}$，然后利用 $\mathrm{d}\boldsymbol{Z}^{[l]}$ 计算代价函数对权重 $\boldsymbol{W}^{[l]}$ 的偏导数 $\mathrm{d}\boldsymbol{W}^{[l]}$、对偏置 $\boldsymbol{b}^{[l]}$ 的偏导数 $\mathrm{d}\boldsymbol{b}^{[l]}$ 和对 $\boldsymbol{A}^{[l-1]}$ 的偏导数 $\mathrm{d}\boldsymbol{A}^{[l-1]}$。

计算公式如下

$$\mathrm{d}\boldsymbol{Z}^{[l]} = \frac{\partial \boldsymbol{J}}{\partial \boldsymbol{Z}^{[l]}} = \mathrm{d}\boldsymbol{A}^{[l]} * g'(\boldsymbol{Z}^{[l]}) \qquad (6.26)$$

$$d\boldsymbol{W}^{[l]} = \frac{\partial \boldsymbol{J}}{\partial \boldsymbol{W}^{[l]}} = \frac{1}{m} d\boldsymbol{Z}^{[l]} \boldsymbol{A}^{[l-1]\mathrm{T}} \tag{6.27}$$

$$d\boldsymbol{b}^{[l]} = \frac{\partial \boldsymbol{J}}{\partial \boldsymbol{b}^{[l]}} = \frac{1}{m} \sum_{i=1}^{m} d\boldsymbol{Z}^{[l](i)} \tag{6.28}$$

$$d\boldsymbol{A}^{[l-1]} = \frac{\partial \boldsymbol{J}}{\partial \boldsymbol{A}^{[l-1]}} = \boldsymbol{W}^{[l]\mathrm{T}} d\boldsymbol{Z}^{[l]} \tag{6.29}$$

3）参数更新（parameters updating）

使用迭代优化算法如最基本的随机梯度下降算法（SGD）、带动量的 SGD 算法或 RMSProp、AdaDelta、Adam 等自适应学习率算法，更新模型权重参数 $\boldsymbol{W}$ 和偏置参数 $\boldsymbol{b}$。

随机梯度下降算法（SGD）的参数更新公式为

$$\boldsymbol{W}^{[l]} = \boldsymbol{W}^{[l]} - \alpha d\boldsymbol{W}^{[l]} \tag{6.30}$$

$$\boldsymbol{b}^{[l]} = \boldsymbol{b}^{[l]} - \alpha d\boldsymbol{b}^{[l]} \tag{6.31}$$

式中：超参数 α 表示学习率，用以控制更新步长。

一般随着训练迭代次数的增加，学习率采用"先上升、后平稳、再下降"的方法进行设置。在采用 SGD 等优化方法训练神经网络时，通常会使用指数移动平均（EMA）的方法，它的意义在于利用移动平均的参数来提高模型在测试数据上的鲁棒性。

上述三个步骤不断循环迭代，直到达到终止条件（如训练轮数）为止。

6.4 深度学习模型的评估

6.4.1 训练误差与泛化误差

深度学习的目标是使训练出的模型能很好地适用于未观测到的新数据上，而不是仅仅在训练集上学得很好。训练出的模型或学得的模型适用于新样本的能力，称为泛化（generalization）能力。具有强泛化能力的模型能很好地适用于整个样本空间。

深度学习模型在训练集上的误差被称为训练误差（training error），也被称为经验误差（empirical error）。深度学习模型在之前未观察到的新样本上的误差被称为泛化误差（generalization error）。显然，我们希望得到泛化误差小的深度学习模型。只有这样，当实际开发中训练得到一个新模型时，我们才有把握用它预测出高质量的结果。但是，在实际训练模型时，我们的目标是最小化训练误差，因此，当训练误差越来越小时，模型会把训练数据点的起伏波动完完全全地学进来，即将数据中的共性与噪音（个性）都学了进来，这时模型在新数据上的测试误差就会很高，即模型的泛化误差就会过大，这种现象被称为过拟合（overfitting）。与过拟合相对应的是欠拟合（underfitting），即深度学习模型连训练数据中的普遍规律都未学到，表现为模型的训练误差（即经验误差）过高。若用过拟合或欠拟合模型来预测新的数据都将会导致低泛化性。我们的理想情况是使训练得到的模型处于一个平衡状态：既不欠拟合，也不过拟合。

模型的泛化误差可分解为偏差（bias）和方差（variance）。一般而言，估计量的偏差是估

计量的期望值与真实值之差,计算公式如下

$$\text{Bias}(\hat{\beta}) = E[\hat{\beta}] - \beta \tag{6.32}$$

估计量的方差是估计量与其期望值的统计方差,计算公式如下

$$\text{Var}(\hat{\beta}) = E\{[\hat{\beta} - E(\hat{\beta})]^2\} \tag{6.33}$$

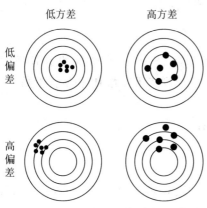

图 6.8 偏差与方差之间的关系

我们可以通过图 6.8 所示的靶心图形象理解偏差与方差之间的关系。图中靶心区域表示模型的理想输出(真实值),弹着点表示模型的实际预测(估计值);图中左边一列弹着点较集中,表示方差较小;图中下面一行弹着点远离靶心区域,表示偏差较大。

如图 6.9 所示,欠拟合具有高偏差、低方差的特征,而过拟合具有低偏差、高方差的特征。欠拟合和过拟合都能导致模型的高泛化误差。

深度学习算法中的参数一般分为模型参数和超参数。模型参数包括神经网络的权重 W 和偏置 b,它们的值是通过模型训练得到的。深度学习中的超参数主要有学习率、批量大小、动量系数、损失平衡权重、focal loss 参数和正则化系数等,超参数的值不是通过学习算法学习出来的,而是通过手工调参、"进化"寻优等方法选择出较合理的超参数。在调参过程中,当使用不同的超参数配置时,会产生不同的模型,那么我们如何从这些模型中选出最好的模型? 这就需要找到一种方法来评估不同模型的性能,以便对它们进行排序。

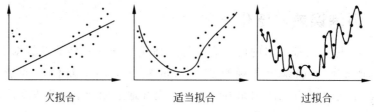

欠拟合   适当拟合   过拟合

图 6.9 模型欠拟合与模型过拟合

综上所述,我们进行模型评估的主要原因有以下三点。

(1) 我们想要估计模型的泛化性能,即模型对未知数据的预测性能,以便在真实部署之前对模型进行改进。

(2) 我们希望从学习算法中选择出最佳的执行模型来提高预测性能。

(3) 我们想要从算法的假设空间中选择出最佳性能的算法和最佳的执行模型。

6.4.2 模型评估的方法

我们一般通过实验测试方法来评价深度学习模型的泛化误差。由于深度学习模型在训练数据集上的经验误差不能反映其在新数据集上的泛化误差,因此,同一份数据集既用

于数据拟合,又用于泛化性能评估,会导致过度乐观。为此,我们可以采用一些适当的实验方法将数据集分为两个互斥的数据子集——训练集(training set)和测试集(testing set),训练集仅用于学习模型,测试集仅用于评估模型的泛化性能。另外,在选择不同超参数配置产生的模型时,我们要把训练数据集再划分为训练集和验证集(validation set),根据验证集上的模型泛化性能效果进行模型选择,用测试集上的效果来估计在实际使用中的泛化能力。

但应注意,数据集的划分要尽可能保持数据分布的一致性,避免因数据的划分而引入偏差。例如在分类任务中,至少要保持样本的类别比例基本不变,推荐的做法是用层次化(stratification)的方法划分数据集,层次化意味着我们随机地划分一个数据集使得其子集可以正确地表示每个类——换句话说,层次化是一种保持类别在所得子集中的原始比例的方法。

最常用的模型评估和模型选择方法有 Holdout 方法和 k 折交叉验证法(k - fold cross validation)等。

1. Holdout 方法

Holdout 方法是最简单的模型评估方法。Holdout 方法将数据集分成训练集和测试集两部分,训练集用于学习构建模型,测试集用于对所学得的模型进行性能评估,测试集上的性能就可以用于估计模型对未知数据的泛化性能。Holdout 方法可以反复随机地切分训练——测试数据集,对结果求平均值,以减小噪声影响,从而得到较为稳定可靠的性能估计结果。

Holdout 方法也可以用于模型选择,具体过程如下。

首先,Holdout 方法将数据集划分为三部分:训练集用于学习模型,验证集用于选择模型,测试集用于评估模型的泛化性能。

然后,Holdout 方法将不同超参数配置的模型分别在训练集上进行训练;将学得的模型在验证集上进行性能评估,根据评估效果,选择性能最佳的超参数配置模型;为了避免训练集太小所导致的悲观性能估计,在模型选择之后,Holdout 方法将训练集和验证集合并,在合并后的数据集上对所选择的最佳模型再次进行训练。

最后,Holdout 方法使用独立测试集来估计最佳模型的泛化性能;将最佳模型在全部数据上(训练集、验证集和测试集合并)再进行学习训练,以供实际使用,理论上使用全部数据学习出的模型性能只会提高。

2. k 折交叉验证法

k 折交叉验证法可以用于模型评估。k 折交叉验证法随机地把数据集分割成 k 个大小相等且互斥的子集,这些子集被称为 folds(k 的取值有 5、10 或 20,一般取 10);每次留一份数据作为测试集,其余数据作为训练集,用于训练模型;这样就可以进行 k 次训练与测试,最后计算 k 个测试结果的均值。

k 折交叉验证法也可以用于模型选择,具体过程如下。

首先,k 折交叉验证法将数据集划分为训练集和独立的测试集。

其次,k 折交叉验证法将训练集划分为 k 个大小相等的子集,其中每次留一份数据作为验证集,其余数据作为训练集;将不同超参数配置的模型分别进行 k 次训练和验证,可以得到多个模型及其性能评估；选择性能评估最好的超参数配置模型，并使用完整的训练集再次训练所选择的最佳模型。

最后，k 折交叉验证法使用独立测试集来评估最佳模型；将最佳模型在所有数据（训练集和测试集合并）上再进行学习训练，得到最终部署模型。

对深度学习的泛化性能进行评估，不仅需要好的实验估计方法，还需要设计衡量模型泛化性能的评价指标，这就是性能度量。性能度量是特定于学习器所执行的任务而言的，反映了任务需求。

回归任务的性能度量指标主要有均方误差（mean squared error，MSE）、平均绝对误差（mean absolute error）、根均方误差（root mean squared error）、平均绝对百分比误差（mean absolute percentage error）等。

分类任务中最常用的性能度量指标是错误率（error rate）与准确率（accuracy），它们虽然很常用，但并不能满足所有相关任务需求。例如，在目标检测领域中，我们更关注"模型预测出的目标边界框中有多少比例是精准的""用户感兴趣的目标中有多少比例被检测出来"等，这时候，"精准率"（precision，也称为查准率）和"召回率"（recall，也称为查全率）性能度量指标就非常适合这类任务需求。精准率的含义是预测为正例的样本中有多少实际为正，召回率的含义是实际为正例的样本中有多少被预测为正。

对于二分类问题，真实状况与模型预测结果之间存在四种关系，如表 6.1 所示的混淆矩阵（confusion matrix），即真正例（true positive，TP）、假正例（false positive，FP）、真反例（true negative，TN）、假反例（false negative，FN）。多分类的混淆矩阵和二分类的混淆矩阵相似。

表 6.1　二分类结果的混淆矩阵

实际状况	模型预测结果	
	正例	反例
正例	TP	FN
反例	FP	TN

准确率的计算公式如下

$$\text{Accuracy} = \frac{\text{TP} + \text{TN}}{\text{All samples}} \tag{6.34}$$

错误率的计算公式如下

$$\text{Error} = 1 - \text{Accuracy} \tag{6.35}$$

精准率的计算公式如下

$$\text{Precision} = \frac{\text{TP}}{\text{TP} + \text{FP}} \tag{6.36}$$

召回率的计算公式如下

$$\text{Recall} = \frac{\text{TP}}{\text{TP} + \text{FN}} \tag{6.37}$$

精准率与召回率在某种程度上是负相关的。

当然对于分类而言，还有许多其他的性能度量指标，由于篇幅所限，这里就不再赘述了。

6.5　深度学习模型的改进

深度学习中的一个核心问题是降低模型的泛化误差,即提高模型的泛化性能。影响模型泛化性能的主要因素是数据、算法以及算力,其中在算法中主要是影响因素是任务需求、模型结构、目标函数、训练过程(如优化方法、超参数的调整)、评估方法及评估指标等。

对于欠拟合问题,我们可以选择更复杂的网络,或者选择不同的神经网络架构,或者增加网络模型的训练轮数,以解决欠拟合问题,提高模型的泛化性能;而对于过拟合问题,我们可以收集更多的原始训练数据或者减小训练数据的噪声以提高模型的泛化性能,也可以通过改进模型结构,优化训练方法,以提高模型的泛化性能,还可以通过正则化(regularization)策略限制一个深度学习模型,以减轻模型的复杂度,从而提高模型的泛化性能。图 6.10 描述了模型复杂度与泛化误差之间的关系。

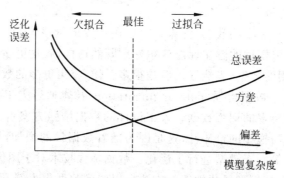

图 6.10　模型复杂度与误差之间的关系

正则化是解决模型过拟合的主要手段。过去数年,研究者提出和开发了多种适合机器学习算法的正则化策略,如参数范数惩罚、数据增强、Dropout 和提前终止等。

参数范数惩罚(parameter norm penalties)通过在目标函数中添加一个参数范数惩罚项(通常只对权重进行惩罚,而不对偏置做惩罚),以此限制模型的学习能力。当优化算法最小化"带正则化项的目标函数"时,它在降低训练误差的同时减小参数的规模。L^1 正则化和 L^2 正则化是参数范数惩罚中使用最广泛的方法。L^1 正则化的目的是减小参数的绝对值总和;而 L^2 正则化(亦称为权重衰减,weight decay)的目的是减小参数平方的总和。L^1 正则化的目标是造成参数的稀疏化,就是争取达到让大量参数值取得零值的效果;而 L^2 正则化的目标是从整体上减小参数向量的范数,即减小原始参数值的大小,从而减小模型的波动程度,因此在一定程度上减轻了过拟合的状况。

参数范数惩罚是通过在代价函数后面加上正则化项,来防止模型过拟合,而 Dropout 技术则是通过修改深度神经网络本身结构来防止模型过拟合。Dropout 技术在模型的每次迭代中,按照一定的概率随机丢弃一部分非输出神经元及其连接,每一层的 Dropout 概率可能不尽相同,最初的 Dropout 论文建议输入层的概率 $p=0.2$,而隐藏层的概率 $p=0.5$,输出层中的神经元不会被丢弃。每次 Dropout 完成后,相当于从原始的网络中得到一个简化的模型,从而降低了模型的复杂度。由于每次迭代随机忽略的节点都不同,因此每次训练的网络都是不一样的,每次训练都可以看作一个"新"的模型,同时这些"新"的模型在不同的训练集上训练(每次训练数据都是随机选择的)。当模型训练完成后,尽管神经元的输出要乘以该神经元被丢弃的概率 p,整体的网络架构还是会被使用。这样做消除了没有神经元被丢弃时的神经网络规模过大的影响,并且可以被解释为在模型训练过程中通过训练大量不同的神经网络,来平均预测概率。

集成方法(ensemble methods)是一种通过训练多个"弱模型",以期待组合成一个强大的、能降低模型泛化误差的机器学习算法。集成方法主要有三种算法:Stacking、Bagging(bootstrap aggregating)和 Boosting。而 Dropout 可以被认为是集成了大量深层神经网络的一种廉价的集成方法。

为什么 Dropout 技术有助于防止过拟合呢?我们可以把 Dropout 技术比拟为一个技术团队。在这个团队中,每个成员都各有专长,各有偏好。在做决策时,团队中的每个成员都能充分发挥自己的主观能动性,同时又能相互协作、相互弥补、相互制约,这样,这个团队就能做出一个恰到好处而又不走极端的技术方案,这就像人们常说的老话:"三个臭皮匠顶一个诸葛亮""团结就是力量"。

在深度学习算法中,更多的数据,意味着可以用更深的网络,训练出更好的模型。数据越多,训练出的深度学习模型的泛化性能就越好。既然这样,收集更多的数据不就行了?如果能够收集更多可以用的数据,当然好。但是很多时候,收集更多的数据意味着需要耗费更多的人力、财力和物力。数据增强(data augmentation)技术通过人工在原始数据集上做些转换或扰动,可以得到更多的训练数据。人工设计的数据增强方案可以极大地减小深度学习模型的泛化误差,提高模型的鲁棒性,这是因为随着数据量的增加,规模一定的模型无法过拟合所有的样本,就等同于模型进行了泛化。数据增强技术对于图像处理、语音识别等任务来说是特别有效地提高模型泛化性能的方法。以图像数据集为例,可以做各种变换,如图像垂直或水平翻转、图像旋转、图像剪切(像平行四边形一样移动图像的一部分)、图像缩放、图像裁剪(目标以不同比例出现在图像中的不同位置)、图像分割、图像锐化(增强图像边缘)、图像扭曲、图像随机采集块域、图像镶嵌,为防止模型使用颜色作为主要的判别依据,可以使用黑白图像或者改变图像的色调、饱和度、曝光度参数等。在深度学习模型的输入层注入噪声也是一种有效的数据集增强方式。

数据增强技术可以用在预处理步骤中,以增加数据集的大小;也可以进行实时增强,即在小批量中实时应用数据增强技术(如 multi-scale 训练),然后将产生的新数据输入模型中进行训练,这些新增的数据不用保存在磁盘上。

提前终止(early stopping)是深度学习中简单而又常用的正则化策略。提前终止的工作原理如下。

在对模型进行训练时,我们可以将数据集分为三个部分:训练集、验证集和测试集。在训练的过程中,可以每隔一定量的迭代次数,使用验证集对训练的模型进行预测。一般来说,模型在训练集上和验证集上的误差变化如图 6.11 所示,从图中可以看出,模型在验证集上的误差在一开始是随着训练集的误差的下降而下降的,当超过一定训练次数后,模型在训练集上的误差虽然还在下降,但是在验证集上的误差却不再下降了,此时我们的模型就过拟合了。因此我们可以观察训练模型在验证集上的误差,一旦验证集上的误差不再下降时,我们就可以提前终止模型训练。

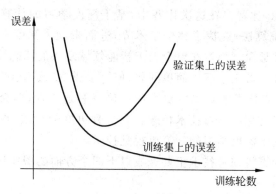

图 6.11　模型在训练集上和验证集上的误差变化

6.6　计算机视觉

6.6.1　计算机视觉综述

在人类获取的外界信息中的 70% 以上是通过视觉感知得到的,这些视觉信息在大脑中被处理并产生决策以控制身体完成任务、适应环境。

自 20 世纪 60 年代第一批学术论文出现以来,计算机视觉技术已经取得了长足的进展。今天,由于其广泛的应用和巨大的潜力,计算机视觉技术已成为最热的人工智能的子领域之一,其目标是复制人类视觉的强大能力。

什么是计算机视觉?

简单来说,计算机视觉就是一门研究如何对数字图像或视频进行高层语义理解的交叉学科,它赋予机器"看"的智能,需要实现人的大脑中(主要是视觉皮层区)的视觉能力。

早期的计算机视觉研究,由于计算资源和数据的原因,主要集中在几何和推理上。自 20 世纪 90 年代以来,由于计算机硬件的不断发展和数字照相机的逐渐普及,计算机视觉研究进入了快速发展期,这期间的计算机视觉技术的一大突破是各种人工特征提取方法的涌现,例如 SIFT、SURF、FAST、霍夫变换、几何哈希等算法,这些算法相对原始像素具有对尺度、旋转等的鲁棒性,因此得到了广泛的应用,催生了如图像拼接、图像检索、三维重建等视觉应用;另一大突破是基于统计机器学习的计算机视觉技术,由于可以通过大量数据自动学习模型参数,渐渐地成为了主流。

随着计算能力的不断进步和海量数据的产生,传统的基于人工特征提取的简单的计算机视觉技术遇到了瓶颈。这些传统技术具有很强的针对性,只能对某些特定的目标进行特征提取,模型泛化能力差,且提取的特征均是目标的低层次特征,无法表达其真正的高层次语义特征。因此,工业界和学术界都在探索如何避免烦琐耗时的人工特征工程,同时加强模型的拟合性能,从而进一步利用海量数据。深度学习模型由于其强大的表征能力,加之数据量的积累和计算力的进步,能很好地满足了这一需求,因此在计算机视觉领域得到了非常广泛的应用。2010 年之后,计算机视觉技术逐渐进入了以深度学习为主的时代。标志性的事件是 2012 年的 ILSVRC 比赛。在这次比赛中,基于深度学习的计算机视觉算法大大超过了经过精心设计的传统算法,震惊了整个学术界,进而带动了深度学习在其他领域中的应用。这次比赛也被看成是深度学习在整个人工智能领域复兴的标志性事件。

传统计算机视觉技术常用于解决简单问题,但算法成熟、透明、经济,且为性能和能效进行了大量优化;深度学习技术能够提供更高的准确率和通用性,但会消耗太多的资源。因此传统计算机视觉技术与深度学习技术相融合会得到更好的算法、更快的速度和更高的性价比。本节重点介绍基于深度学习的计算机视觉技术。

基于深度学习的计算机视觉技术主要完成以下四个方面的图像理解任务。

1) 分类(classification)

分类就是将图像结构化为某一类别的信息,用事先确定好的类别或实例 ID 来描述图像。这一任务是最简单、最基础的图像理解任务,也是深度学习模型最先取得突破和实现大规模应用的任务。其中,ImageNet 是最权威的评测集,每年的 ILSVRC 竞赛催生了大量的优秀深度神经网络结构,为其他任务提供了基础。人脸、场景的识别等都可以归类为分类任务。

2) 检测(detection)

分类任务关心的是整体,给出的是整张图像的内容描述,而检测任务则关注特定的物体目标,要求同时获得这一目标的类别信息和位置信息。相比分类,检测给出的是对图像前景和背景的理解,我们需要从背景中分离出感兴趣的目标,并确定这一目标的描述(类别和位置),因而,检测模型的输出是一个列表,列表的每一项使用一个数据组给出检出目标的类别和位置(常用矩形边界框的坐标表示)。

3) 分割(segmentation)

分割包括语义分割(semantic segmentation)和实例分割(instance segmentation),前者是对前景和背景分离的拓展,要求分离开具有不同语义的图像部分,而后者是检测任务的拓展,要求描述出目标的轮廓(相比边界框更为精细)。分割是对图像像素级的描述,它赋予每个像素类别(实例)意义,适用于理解要求较高的场景,如无人驾驶中对道路和非道路的分割。

4) 场景文字识别

如道路名、绿灯倒计时秒数、商店名称等场景文字的识别,这些场景文字对于如自动驾驶、导盲等功能的实现是至关重要的。

除了上述四大任务以外,基于深度学习的计算机视觉技术还有其他任务,如图像增强与恢复、人脸关键点检测、人体姿态估计、动作识别、视频分类、度量学习等。

2012 年以来,随着深度神经网络技术的突破,以基于深度学习的计算机视觉技术为代表的人工智能走到了时代的前列,催生了刷脸支付、智能安防、智慧城市等火热市场。然而在工业领域,由于工业数据的匮乏、算力成本的负担,尤其是深度学习的"黑箱"特性与工业制造追求的精确、可靠与可解释性存在着天然矛盾,这些状况都困扰着深度学习驱动下的计算机视觉技术在工业领域的成熟和产品化。在商业领域广受欢迎且占据半边天的基于深度学习的计算机视觉技术,在工业领域目前主要解决制造过程中的如下的一些单点性问题。

(1)计算机视觉算法被证实是实施设备预测性维护的好方法,算法通过分析来自机器摄像头的视觉信息,可以预先发现机器的潜在问题。

（2）"千里之堤，毁于蚁穴"，这句话蕴含的真理也同样适用于当代的制造领域。对于任何一件工业品来讲，工件的细微瑕疵和缺陷将直接影响着产品的整体性能，甚至关乎着企业的生存，乃至社会的安全。

产品缺陷检测技术是指对检测样本的表面斑点、凹坑、划痕、色差、缺损和内部结构等缺陷进行检测，获得检测样本表面或内部的缺陷深度、大小、轮廓、缺陷类别等信息。

尽管产品缺陷检测十分重要，但是当今的企业更多的是使用人工手段去检测工件的缺陷，包括人眼观察、人耳听声等方法。利用人工检测工件缺陷的方法显然存在许多缺点，例如检测速度较慢，员工的个体差异使检测结果产生主观性，以及员工的情绪所导致的检测错误等。为了克服人工缺陷检测的缺点，企业迫切地需要一种能够自动检测产品缺陷的系统。在需求的推动下，各种基于不同技术的自动缺陷检测技术不断地被开发出来，如磁粉检测法、渗透检测法、涡流检测法、超声波检测法、X射线检测法等。近年来兴起的基于深度学习的工业视觉缺陷检测技术，由于其具有检测智能化、检测速度快、人工成本低和检测结果稳定可靠等特点，被广泛地应用在产品缺陷检测领域中。

（3）随着科学技术的发展，工业机器人已经广泛地应用在工业生产的各个领域中，如物料的分拣、搬运、焊接、喷涂、装配、检测等场景之中。在这些场景中，工业机器人的一项基础操作就是要能够正确地抓取目标物体，而要精准高效地实现抓取操作，就要求机器人具有对抓取目标的识别、定位、位姿估计和抓取位置检测等功能。机器人抓取任务是一项具有长期挑战性的研究课题。

目前，工业机器人都是在结构化的环境中，根据已经设定好的工作流程，来完成抓取固定目标物体的工作，这种抓取物体的方法具有标准化、易于操作、效率高的特点，但是无法应用在非结构化的环境中，即当外界环境发生变化或者设定的特定条件发生改变时，工业机器人将无法正常工作，不具有广泛的适应性。近年来，通过工业相机配合计算机视觉算法可以从视觉上帮助工业机器人在复杂多变的环境下快速而准确地识别定位目标，明确目标在空间中的姿态，从而顺利完成抓取任务。

（4）工业移动机器人又称自动导航小车（automated guided vehicle，AGV），是工业机器人中的重要组成部分，对提高生产效率、降低生产成本、节约能源和促进环保等方面具有重要的应用价值。工业移动机器人的一项关键技术是导航技术，即工业移动机器人能够借助传感器获取外界信息，确定目标位置，然后自行绕开障碍物，到达目标位置。目前，工业移动机器人的导航方式包括电磁导航、磁带导航、惯性导航、激光导航、视觉导航以及基于多传感器融合技术的导航等。新型的工业移动机器人导航方式主要是激光导航和视觉导航。视觉导航工业移动机器人可分为2D视觉导航和3D视觉导航两种，其中2D视觉导航是在工业移动机器人上安装视觉传感器或摄像头，在行驶的路面上铺设有别于地面颜色的色带，视觉传感器拍摄地面图像，传输到机器人的处理器，通过图像处理技术，区分识别出色带而实现导航；3D视觉导航则是利用立体视觉技术建立3D环境地图来实现导航。视觉导航灵活性好，自主化程度高，是近年来兴起的研究热点，也是当前移动机器人研究开发的重点方向之一，其中计算机视觉技术扮演着核心角色，它能帮助工业移动机器人感知周围环境，从而进行恰当地决策和运行。

（5）计算机视觉技术在工厂库存管理方面目前有两个主要的应用：一是计算机视觉算法可以对仓库剩余物料生成非常准确的估计，从而可以帮助仓库管理者察觉不寻常的物料需求,并及早做出反应;二是识别、分析货架空间利用情况,从而进行优化配置,减少空间浪费,提供更好的物料存取方案。

6.6.2 卷积神经网络基础

卷积神经网络(CNN)的起源可以追溯到 20 世纪 60 年代。1980 年,日本学者福岛邦彦(Kunihiko Fukushima)在其发表的论文中,模仿生物的视觉皮层(visual cortex)提出了以"Neocognitron"命名的神经网络,"Neocognitron"是一个具有深度结构的神经网络,部分实现了卷积神经网络中的卷积层和池化层的功能,被认为是启发了卷积神经网络的开创性研究。1998 年,深度学习三巨头之一的 Yann LeCun 等,正式提出了 CNN,并设计了 LeNet-5 模型,该模型在手写字符识别等领域取得了不错的效果。

由于计算能力有限、学习样本不足等原因,CNN 在很长一段时间内一直处于被遗忘的状态。直到 2012 年的 ILSVRC 比赛,基于 CNN 的 AlexNet 算法在比赛中大放异彩,从而引领了 CNN 的复兴,此后 CNN 的研究进入了高速发展期。目前,CNN 是计算机视觉领域最重要的算法,在很多问题上都取得了良好的效果。

目前卷积神经网络主要有以下两个发展方向。

1) 如何提高模型的性能

这个方向的一大重点是如何训练更宽、更深的网络。沿着这一思路涌现出了包括 GoogleNet、VGG、ResNet、ResNext 等在内的很多经典模型。

2) 如何提高模型的速度

提高速度对 CNN 在实时性要求很高的场景中进行部署是至关重要的。例如,通过去掉最大池化而改用 stride 卷积、使用 group 卷积和定点化等方法,人脸检测、前景背景分割等 CNN 应用已经在手机上实现了大规模部署。

全连接神经网络(如前文介绍的多层感知器)在许多领域中都有着广泛的应用,但在处理图像问题时会遇到如下的困难。

1) 参数数量太多

考虑一个输入 1000×1000 像素的黑白图像,输入层就有一百万个节点。假设全连接神经网络的第一个隐藏层有 100 个节点,那么仅这一隐藏层就有 $(1000 \times 1000 + 1) \times 100 \approx 1$ 亿个参数,这实在是太多了! 我们看到图像只要扩大一点,全连接神经网络的参数数量就会多很多,显然有如此多参数的模型是难以训练且容易过拟合的。

2) 没有利用像素之间的位置信息

对于图像理解任务来说,每个像素与其周围像素的联系是比较紧密的,与离得很远的像素的联系可能就很小了,也就是说,图像的相邻像素之间存在着天然的拓扑关系,这种关系就是图像的空间局部相关性。因此,判断图像中的某个位置是否存在目标时,模型只需考虑这个位置及其周边的像素就可以了,而不需要像全连接神经网络那样将图像中的所有像素都作为输入。

3) 不能保证图像平移不变性

对于很多图像处理任务,我们希望模型能满足一定的平移不变性。比如,对图像分类任务来说,我们希望目标出现在图像的任何位置上,模型都可以识别出该目标。由于全连接神经网络改变了图像的空间结构信息,因此不能保证图像的平移不变性。

为了克服全连接神经网络的上述困难,卷积神经网络通过以下几种结构设计方式,解决了上述问题,因而在计算机视觉等领域取得了惊人的效果。

1) 局部连接

局部连接方式不同于全连接方式,其内的某一层的每个神经元不再和前一层的所有神经元相连接,也就是说,只和前一层中的部分神经元相连接。局部连接不但减少了模型中的大量参数,而且还模拟了图像中的空间局部相关性。

2) 参数共享

参数共享意味着局部连接中的参数可以被共享和复用,也就是说,卷积核中的参数(权重和偏置)对于前一层的所有神经元都是一样的。参数共享进一步减少了模型中的参数,同时满足了图像局部相关的平移不变性。

3) 下采样

可以使用下采样来减少每层的样本数,又进一步减少了模型的参数数量,同时还可以提升模型的鲁棒性。

卷积神经网络结构和全连接神经网络结构都是由多层神经元通过某种连接方式而构成的,前一层的输出作为后一层的输入,最终层的输出,作为模型的预测值。与全连接神经网络的全连接层一样,卷积神经网络的卷积层中也含有可以学习的权重参数和偏置参数。在监督学习的框架下,卷积神经网络的模型参数也是通过反向传播学习算法进行优化的。

二者结构上的主要差别在于连接方式的不同,卷积神经网络使用卷积层、池化层代替了全连接神经网络中的全连接层。另外,全连接神经网络的每层神经元是按照一维排列的,而卷积神经网络的每层神经元是按照三维排列的,也就是排成一个长方体的样子,有宽度、高度和深度。

一个经典的卷积神经网络可以通过 N 个卷积层叠加,然后叠加一个池化层(该层可选),重复这个结构 M 次,最后再叠加 K 个全连接层而构成。经典卷积神经网络结构如图 6.12 所示。

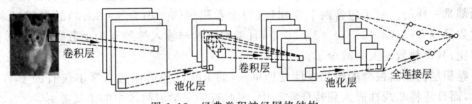

图 6.12 经典卷积神经网络结构

卷积神经网络中几个常用的组成单元简介如下。

1) 卷积层(convolutional layer)

卷积层是整个卷积神经网络的基础。卷积层的功能是通过卷积操作对输入数据进行特征提取。卷积层要素包括卷积核、步长和填充,三者共同决定了卷积层输出特征图的尺寸。

卷积核(kernel)也称为过滤器(filter),是卷积层的核心。一个卷积核的尺寸为 $w \times h \times d$,其中,w 和 h 是卷积核的宽度和高度,$w \times h$ 是卷积核的大小(kernel size),w 和 h 一般取相同的值;d 是卷积核的深度,d 和卷积前的原始图像或特征图的深度(即通道数量)是相同的。每个卷积层可以有多个卷积核,每个卷积核与卷积前的原始图像或特征图进行卷积后,都可得到一个输出特征图,因此,卷积后的特征图的深度(即通道数量)等于卷积核的个数。

步长(stride)是指卷积核每次在输入特征图上滑动的步幅。

填充(padding)是指在输入特征图的四周补几圈 0。使用填充的目的主要是为了控制卷积后的特征图的尺寸。如果不添加填充,则使用大于 1 的卷积核会使卷积后的特征图尺寸比卷积前的特征图尺寸小。在实际应用中,经常会增加填充值,使得卷积前与卷积后的特征图的尺寸相一致。

图 6.13 表示一个 $3\times3\times1$ 的卷积核以"填充为 0、步幅为 1"的方式在一个 $5\times5\times1$ 的输入图像上滑动,并对输入图像进行卷积运算,得到一个 $3\times3\times1$ 的输出特征图。对于输出特征图左上角的单元 y_{00} 来说,其卷积运算公式如下

$$y_{00}=w_{00}\cdot x_{00}+w_{01}\cdot x_{01}+\cdots+w_{22}\cdot x_{22}+b$$
$$=\sum_{m=0}^{2}\sum_{n=0}^{2}w_{m,n}x_{m+0,n+0}+b \tag{6.38}$$

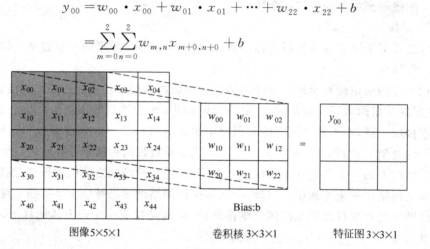

图 6.13 卷积操作示意图

卷积层体现了局部连接和参数共享的思想,即输出特征图上的神经元只和原始图像或输入特征图上的部分神经元相连,而且卷积核的要素对于原始图像或输入特征图上所有神经元都是一样的。对于包含两个卷积核(每个卷积核的大小为 $3\times3\times3$)的卷积层来说,其参数数量仅有 $(3\times3\times3+1)\times2=56$ 个,且参数数量与输入神经元的个数无关,与多层感知器相比,其参数数量大大减少了。

卷积层的输出被分配给非线性处理单元(如 ReLU 激活函数),这不仅有助于学习抽象表示,而且还将非线性嵌入到特征空间中,因此有助于学习图像中的语义差异。

2) 池化层(pooling layer)

在卷积神经网络中,除了大量的卷积层,我们也会根据需要,在卷积层之后插入适量的池化层。池化层是用来进行特征采样和信息过滤的,以减小输入特征图的尺寸,实现特征降维,因而也称为下采样(downsample)。下采样将降低特征图的空间分辨率,为了减少空间分辨率降低所带来的损失,卷积神经网络将根据深度的加深而扩展特征图的数量以增加特征图的语义信息。

池化层通常是对输入特征图的每个通道独立进行池化操作,因此输出特征图的通道数量和输入特征图的通道数量是相同的。池化层和卷积层类似,池化层也可以理解为采用滑动窗口(即过滤器,filter)从左至右、从上至下的方式平移遍历输入特征图。因此,池化层也

有和卷积层一样的要素，即池化大小、步长和填充。但是池化层内并无参数数值，这样池化层就不需要训练，而只是进行纯粹的采样。池化层的步长一般固定为池化层的大小，这种情况下相当于对输入特征图进行划分。实际应用中，池化层有两种比较常见的配置，一种是kernel size 和 stride 都为2，这种设置使得池化过程中无重叠区域，另一种是 kernel size 为3，stride 为2的有重叠池化区域。

池化层常用的池化操作有最大池化（max pooling）、平均池化（mean pooling）和随机池化（stochastic Pooling）。最大池化操作计算池化窗口内的图像区域的最大值作为该图像区域池化后的结果；平均池化操作计算池化窗口内的图像区域的平均值作为该图像区域池化的结果；随机池化操作则是对池化窗口中的特征图数值进行归一化，得到概率矩阵，然后按照概率随机选择区域内的值，作为该区域池化后的值，该池化方法确保了特征图中不是最大激励的神经元也能够被选择到，随机池化具有最大池化的优点，同时由于随机性又能避免过拟合。

图 6.14 表示一个步幅为2、大小为 2×2 的最大池化层对一个 4×4 的输入特征图进行最大池化操作，得到一个 2×2 的输出特征图。该最大池化层的计算公式如下

$$y_1 = \max(X_1, X_2, X_5, X_6) \tag{6.39}$$

$$y_2 = \max(X_3, X_4, X_7, X_8) \tag{6.40}$$

$$y_3 = \max(X_9, X_{10}, X_{13}, X_{14}) \tag{6.41}$$

$$y_4 = \max(X_{11}, X_{12}, X_{15}, X_{16}) \tag{6.42}$$

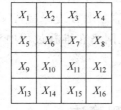

输入特征图　　　　最大池化层　　　　输出特征图

图 6.14　最大池化操作示意图

3）全连接层（fully connected layer）

卷积神经网络中的全连接层等价于多层感知器中的隐藏层。全连接层位于卷积神经网络的最后部分，并只向其他全连接层传递信号。特征图在全连接层中会失去空间拓扑结构，被展开为向量。

深度学习是一种特征学习方法，卷积神经网络中的卷积层和池化层能够对输入数据进行特征提取，全连接层的作用则是对提取的特征进行非线性组合以得到输出，即全连接层本身没有特征提取能力，而是试图利用现有的高层次的语义特征完成学习目标，得到输出结果。

4）残差网络（residual networks）

卷积神经网络的深度对很多计算机视觉任务来说都很重要。卷积神经网络的层数越多，提取到的不同层级的特征就越丰富，越深的网络提取的特征就越抽象、越具有语义信息。

如果只是简单地增加卷积神经网络的深度，将会导致模型训练过程中的梯度消失或梯度爆炸问题，解决该问题的方法是进行正则化的参数初始化和增加 Normalization 网络层

（如 batch normalization,BN），这样就可以使具有几十层的网络在训练过程中收敛。

虽然使用上述方法能够训练更深的卷积神经网络模型，但是更深的模型又会带来另外一个问题，就是退化问题，即随着模型层数的增加，深层模型在训练集上的误差不降反升。这种现象不能解释为过拟合，因为过拟合的模型应该在训练集上表现得更好，即误差应该更小。

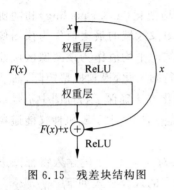

图 6.15　残差块结构图

那么，如何解决深层模型的退化问题？答案就是使用深度残差网络。残差网络是由许多残差块组成的。残差块的结构可以通过"前馈神经网络＋短路连接"实现，其结构如图 6.15 所示。

图 6.15 中右侧的曲线叫做短路连接（shortcut connection），通过短路连接将前面层的输出 x 与图 6.15 中左侧卷积层（即 weight layer 层）的输出相加，将求和的结果 $F(x)+x$ 输入到激活函数 ReLU 中作为本层的输出。

ImageNet 上的实验证明了残差网络解决了随着网络深度增加而带来的模型退化问题，这样我们就可以通过单纯增加网络深度来提高模型的性能，而且残差网络更容易优化，收敛更快。

为什么残差网络可以解决模型的退化问题？答案仁者见仁、智者见智。其中有一种解释是：卷积神经网络中的残差网络就如同"特征金字塔网络"（feature pyramid network, FPN）一样，通过短路连接将浅层特征图的细节信息融合进深层特征图的语义信息中，以弥补深层信息因过度抽象而带来的损失，从而保证网络在堆叠过程中不会产生性能退化。这种思想在 DenseNet 中得到了充分的体现。

6.6.3　基于深度学习的目标检测算法

自从 2012 年基于卷积神经网络的模型赢得了 ILSVRC 比赛的冠军以来，卷积神经网络就成为图像分类的标准算法。从那时起，卷积神经网络不断完善，并在 ILSVRC 挑战赛上超越了人类。

虽然这些结果令人印象深刻，但在计算机视觉领域内，图像分类仍然还是比较简单的任务。

卷积神经网络可以帮我们处理更为复杂的图像理解任务吗？也就是说，给定一个更为复杂的图像，我们是否可以使用卷积神经网络对图像中的每个目标进行分类，同时还可以通过在该目标周围绘制适当大小的边界框来对其进行定位？答案是肯定的，但这样的目标检测技术较图像分类而言，难度上升了不少。

当前目标检测算法大致分为如下两种。

一种是传统的目标检测算法，该算法依赖人工设计的特征提取器，并利用提取的特征来训练传统的机器学习分类器（如支持向量机）以进行目标检测，如我们所熟知的 V-J（Viola-Jones）检测、尺度不变特征变换（scale invariant feature transform,SIFT）、方向梯度直方图

(histogram of oriented gradient，HOG）、可变形部件模型（deformable parts models，DPM）、加速稳健特征（speeded up robust features，SURF）、AdaBoost 等算法。人工特征提取与表示虽然易于理解，简单直观，但无法应对大量类别的识别，在目标识别体发生变化时，需要针对性地再次进行繁杂且耗时的特征提取工作，因此人工设计特征的泛化性能差，运算复杂度高，限制了实际应用。

另一种是 2012 年之后出现的基于深度学习的目标检测算法。深度学习是一种表征学习算法，它能够自主地从目标对象中学习出不同层级的特征，无需人为设计和构造特征，而且还能做到端到端的训练和推理。

在本节中，我们将介绍一些主流的基于深度学习的目标检测算法，并了解其演变历程。具体来说，我们将介绍 Two stage 目标检测算法（R-CNN 以及 R-CNN 的变体 Fast R-CNN 和 Faster R-CNN）和 One stage 目标检测算法（SSD、YOLO）。

6.6.3.1 R-CNN 算法

如图 6.16 所示，R-CNN（region-based convolutional neural network）的推理过程包含以下三个步骤。

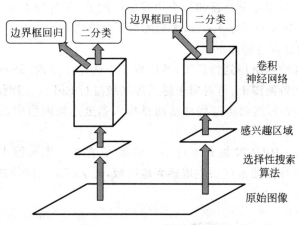

图 6.16 R-CNN 结构示意图

（1）借助一个"选择性搜索"（selective search，SS）算法，对每张图像中的纹理、边缘、颜色等特征进行分割与合并，生成约 2000 个候选框（region proposals），也称为感兴趣区域（regions of interesting，RoIs）。这 2000 多个候选框相互重叠、相互包含。

（2）在每个候选框上都运行一个 AlexNet 或 VGG16 模型中的卷积层部分以提取候选框中的特征。

（3）将提取的特征向量输入给支持向量机（surport vector machine，SVM）和线性回归器。SVM 用于对提取的特征向量进行二分类，每一个类别对应一个 SVM；线性回归器则用于精细修正目标候选框的位置，以便更好地拟合目标，每一个类别对应一个线性回归器。

R-CNN 替代了使用"滑动窗口＋人工特征提取"的传统目标检测方法，使得目标检测算法取得了巨大突破，开启了基于深度学习的目标检测算法的大门。但是，由于费时的"选择性搜索算法"和大量重复的候选框计算等问题，R-CNN 的训练与推理时间很长。

6.6.3.2 Fast R-CNN 算法

直接承接 R-CNN 的是 Fast R-CNN,如图 6.17 所示。Fast R-CNN 在很多方面与 R-CNN 相类似,但是,它借助于下面的增强手段,其检测速度较 R-CNN 有所提高。

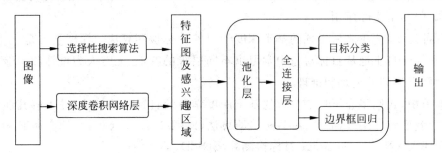

图 6.17　Fast R-CNN 结构示意图

(1) 只需使用一个卷积神经网络对整个图像提取一次特征即可;而 R-CNN 算法需要在 2000 个重叠的候选框上分别运行 2000 个卷积神经网络。

(2) 移除了 R-CNN 中的需要事后训练的多个 SVM 分类器和多个边界框回归器,换成了可以直接训练的一个多元分类器和一个边界框回归器,并将分类损失和回归损失合并成一个多任务损失(multi-task loss)函数,大幅缩短了训练时间。

Fast R-CNN 的推理过程如下。

图像经过卷积神经网络得到特征图,然后将基于选择性搜索(SS)算法预先得到的感兴趣区域(RoIs)映射到特征图上,再对每个感兴趣区域进行 RoI 池化操作,得到固定大小的特征向量(feature vectors),然后将这些特征向量传入到全连接网络中,分别进行目标分类和边界框位置回归。

就速度而言,Fast R-CNN 提升了许多。然而,它存在一大未解决的瓶颈,就是仍使用外部独立而费时的选择性搜索算法生成感兴趣区域,无法满足实时应用,没有真正实现端到端的训练与测试。

6.6.3.3 Faster R-CNN 算法

到现在为止,我们完成了对 Faster R-CNN 的两大早期模型的回顾,下面探讨 Faster R-CNN。Faster R-CNN 的绝大部分还是 Fast R-CNN 的结构。Faster R-CNN 的主要创新是引入了一个 RPN(region proposals net)来代替之前费时的、外部独立的选择性搜索算法。RPN 是 Faster R-CNN 的巨大优势,极大地提升了边界框的生成速度,标志着基于深度学习的目标检测算法真正走上了端到端计算的道路。

1. Faster R-CNN 的输入输出

Faster R-CNN 模型进行目标检测时,输入神经网络的数据是彩色图像,输出结果是图像中包含的目标对象的类别概率以及包含目标对象的边界框位置及大小。

2. Faster R-CNN 结构

如图 6.18 所示,Faster R-CNN 结构从底向上依次分为三个模块。

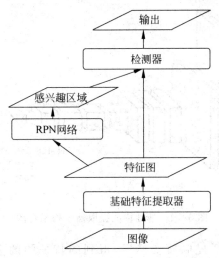

图 6.18　Faster R-CNN 结构示意图

1）基础特征提取器

基础特征提取器的功能是从输入图像中提取特征图。因此 Faster R-CNN 检测器可以使用 AlexNet、ZFnet、VGG16、Inception V2、ResNet、MobileNet、DenseNet 等模型中的部分卷积层作为基础特征提取器的架构。这种将分类任务中预训练好的模型用于相似的目标检测任务，是一种迁移学习思想，它将大大减少目标检测模型的训练工作量。

基础特征提取器首先将一幅任意大小的 $P \times Q$ 图像（image）调整为固定大小的 $M \times N$ 图像，然后将 $M \times N$ 图像输入网络中，最后输出特征图。这些特征图被后续的 RPN 模块和 Fast R-CNN 检测器模块共享。

2）RPN 网络

RPN（region proposals net）网络基于输入的特征图生成感兴趣区域（RoIs）。RPN 网络使用"注意力机制"提醒 Fast R-CNN 检测器将注意力集中在 RoIs 上。

3）Fast R-CNN 检测器

该模块的输入是基础特征提取器提取的特征图和 RPN 网络生成的 RoIs，这些输入信息经过感兴趣区域池化层和后续全连接层的变换后，得到目标类别概率和更高精度的目标边界框（bounding box）。

3. Faster R-CNN 的推理过程

1）基础特征提取器

如图 6.19 所示，本节选取 VGG16 中的 13 个卷积层、13 个 ReLU 层和 4 个最大池化层作为 Faster R-CNN 的基础特征提取器。该模块的参数设置如下。

（1）所有卷积层的设置都是：kernel_size=3，padding=1，stride=1。这保证了卷积前后的宽、高不变。每个卷积层之后使用 ReLU 激活函数进行非线性变换，这种变换不影响特征图的宽高及通道数量。

（2）所有最大池化层的参数都是：kernel_size=2，padding=0，stride=2。最大池化层不影响特征图的通道数目，但会使得每次池化后的特征图的宽、高减半。

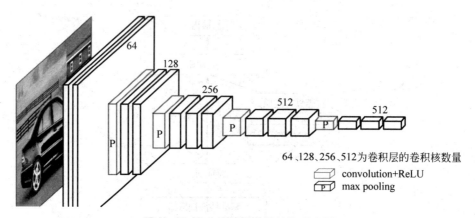

图 6.19 基础特征提取器结构示意图

输入图像经过基础特征提取器变换后,得到的特征图的宽度和高度变为原图像的 1/16,通道数目由输入图像的 RGB 三通道变为 D 个通道(如 512 个通道)。

2) RPN 网络

RPN 网络是一个全卷积神经网络,其结构如图 6.20 所示。它使用基础特征提取器生成的特征图作为输入,特征图的大小为 $W \times H \times D = (M/16) \times (N/16) \times D$。

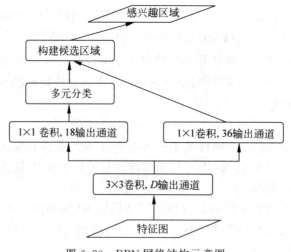

图 6.20 RPN 网络结构示意图

RPN 网络的推理过程如下。

(1) RPN 网络使用 3×3 卷积核在特征图上进行卷积操作的同时,通过滑动窗口(即卷积核)为特征图上的每个单元预设 9 个 anchors 作为初始边界框。所谓 anchors,实际上就是一组矩形边界框,每个 anchors 有 4 个值,表示矩形边界框的位置和大小。虽然 anchors 是在特征图上定义的,但 anchors 的实际尺寸是相对于 $M \times N$ 输入图像的,也就是说,是在 $M \times N$ 输入图像上设置了密密麻麻的大小不同的 anchors。

图 6.21 表示在特征图的中心单元的中心点上定义的 9 个 anchors,该中心单元的中心点对应了图中的坐标原点。最外围的黑框表示 800×600 像素的输入图像;9 个 anchors 有 3 种尺度(scales),即 128、256、512 3 种,每种尺度又分为 0.5、1、2 3 种长宽比(aspect ratios),因此,anchors 基本覆盖了 800×600 输入图像上的各种大小和形状的目标。那么 anchors 一共有多少个?假设输入图像的尺寸是 800×600,经过基础特征提取器的 4 次下采样后,得到大小为 50×38 的特征图,该特征图的每个单元上又定义了 9 个 anchors,因此,一共有 $W×H×9=50×38×9=17\ 100$ 个 anchors。

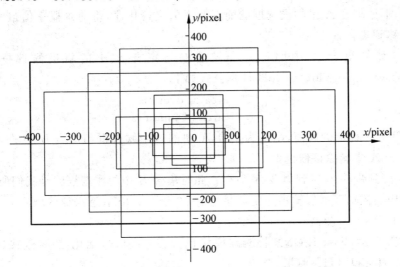

图 6.21　特征图的中心单元上的 9 个 anchors

$3×3$ 卷积层的输出是 $W×H×D$。

(2) $3×3$ 卷积层的输出结果进入后续两个并行的卷积层进行如下变换。

$3×3$ 卷积层的输出结果经过其中一个并行卷积层(设置为:kernel_size=1,pad=0,stride=1,输出通道 18)和多元分类计算后,得到 $W×H×18$ 的输出特征图。该输出结果相当于为输出特征图的每个单元上的每个 anchor 赋予了两个用于前景、背景分类的预测概率值(rpn_cls_prob),由于输出特征图的每个单元上定义了 9 个 anchors,因此该输出特征图的每个单元上一共有 18 个预测概率值,前 9 位是背景(即 negative)的概率,后 9 位是前景(即 positive)的概率。背景不含目标,前景含目标。

$3×3$ 卷积层的输出结果经过另一个并行卷积层(设置为:kernel_size=1,pad=0,stride=1,输出通道 36)的变换,得到 $W×H×36$ 的输出特征图。该输出结果相当于为输出特征图的每个单元上的每个 anchor 赋予了 4 个用于边界框回归的预测偏移量(t_x,t_y,t_w,t_h),其中,t_x,t_y 表示 anchor 的中心点坐标(x,y)的预测平移量,t_w,t_h 表示 anchor 的宽高(w,h)的预测缩放量,由于输出特征图的每个单元上定义了 9 个 anchors,因此该输出特征图的每个单元上一共有 36 个预测偏移量(rpn_bbox_pred)。

(3) 上一步骤的输出结果 rpn_cls_prob 和 rpn_bbox_pred 进入构建候选区域层中进行如下变换。

① 根据产生的 anchors 和 rpn_bbox_pred(预测偏移量),修正所有 anchors 的位置和大小,得到候选框(region proposals)。

② 根据候选框的前景概率值,按降序排列所有候选框,然后从中提取 Top N 个候选框,如 6000 个。

③ 剪裁超出 $M×N$ 输入图像边界的候选框。

④ 然后对 Top N 个候选框,采用 NMS(non maximum suppression,非极大值抑制)算法,除去重叠的候选框,找到最佳的候选框。

NMS 算法流程如下。

步骤 1 构造集合 A,初始化为包含全部 N 个候选框;构造集合 B,初始化为空集。

步骤 2 根据集合 A 中的候选框的前景概率值进行排序,将前景概率值最大的候选框从集合 A 中移到集合 B 中。

步骤 3 计算集合 A 中的每一个候选框与集合 B 中的新进候选框的交并比(intersection over union,IoU)。IoU 计算公式如下

$$IoU = \frac{\text{area of overlap}}{\text{area of union}} \qquad (6.43)$$

如果 IoU 大于设定的阈值,则认为集合 A 中的这个候选框与集合 B 中的新进候选框重叠,则从集合 A 中删除该候选框。

步骤 4 回到步骤 2,直到集合 A 为空。此时集合 B 中的候选框就是我们所需的。

⑤ 最终构建候选区域层输出一定数量(如 300 个)的 RoIs(感兴趣区域)。

3) Fast R-CNN 检测器

如图 6.22 所示,Fast R-CNN 检测器模块包含感兴趣区域池化层、全连接层以及最后并行的分类预测层和回归预测层。

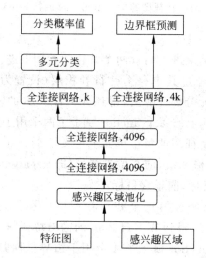

图 6.22 Fast R-CNN 检测器结构示意图

Fast R-CNN 检测器一方面与 RPN 网络共享基础特征提取器获得的特征图,另一方面它又需要对 RPN 网络生成的 RoIs 进行处理,因而它有两个输入:特征图和 RoIs。

由于 RPN 生成的 RoIs 的大小形状各不相同,而感兴趣区域池化层后面的全连接层则要求输入的特征图尺寸必须是固定的。因此,感兴趣区域池化层首先要将每个 RoI 在特征图上的映射区域划分为大小固定不变的网格,比如 7×7 网格,然后对该网格进行最大池化操作,得到固定大小的特征图输出,最后将固定大小的特征图拉直(flatten)。

感兴趣区域池化层的目的就是要将一个个大小不同的 RoIs 都变换为固定长度(fixed length)的特征向量,从而实现固定长度的输出以满足后续全连接层的要求。

感兴趣区域池化层输出的固定长度的特征向量进入到全连接网络中,分别进行目标分类(含一背景类别)和边界框位置回归。

最后,模型对 RoIs 进行一系列后处理(如 class-based NMS),最终得到更高精度的边界框位置和大小。

4. Faster R-CNN 的训练

几个最知名的通用目标检测数据集是 Pascal VOC(Pascal Visual Object Classes)-2007、Pascal VOC-2012、ILSVRC-2014、ILSVRC-2017、MS-COCO(Common objects in context)-2015、MS-COCO-2018、OID(Open Images Detection)-2018。

Faster R-CNN 的多任务损失函数由边界框分类损失(classification loss)和边界框回归损失(bbox regression loss)组合而成,其数学形式如下

$$L(\{p_i\}, \{t_i\}) = \frac{1}{N_{cls}} \sum_i L_{cls}(p_i, p_i^*) + \lambda \frac{1}{N_{reg}} \sum_i p_i^* L_{reg}(t_i, t_i^*) \qquad (6.44)$$

式中:

i 表示 mini-batch 中的第 i 个 anchor 或 RoI 样本。对于 RPN,训练样本是 anchors;而对于 Fast R-CNN 检测器,训练样本是 RoIs。

$L_{cls}(p_i, p_i^*)$ 是边界框分类损失函数。对于 RPN 训练,$L_{cls}(p_i, p_i^*)$ 是二元交叉熵损失函数;对于 Fast R-CNN 检测器训练,$L_{cls}(p_i, p_i^*)$ 是多分类交叉熵损失函数。p_i 是边界框的类别预测概率,p_i^* 是真实框类别的标签。

$p_i^* L_{reg}(t_i, t_i^*)$ 是边界框回归损失函数。$t_i = (t_x, t_y, t_w, t_h)$ 是一个向量,表示预测边界框相对于 anchor(或 RoI)的 4 个偏移量,$t_i^* = (t_x^*, t_y^*, t_w^*, t_h^*)$ 是一个向量,表示真实框(ground truth box)相对于 anchor(或 RoI)的 4 个实际偏移量,即目标偏移量。

偏移量计算公式如下

$$t_x = (x - x_a)/w_a, \quad t_y = (y - y_a)/h_a \qquad (6.45)$$

$$t_w = \lg(w/w_a), \quad t_h = \lg(h/h_a) \qquad (6.46)$$

$$t_x^* = (x^* - x_a)/w_a, \quad t_y^* = (y^* - y_a)/h_a \qquad (6.47)$$

$$t_w^* = \lg(w^*/w_a), \quad t_h^* = \lg(h^*/h_a) \qquad (6.48)$$

式中:

x、y、w 和 h 表示预测边界框的中心点坐标以及宽和高;

x_a、y_a、w_a,h_a 表示 anchors(或 RoIs)的中心点坐标以及宽和高;

x^*、y^*、w^* 和 h^* 表示真实框(ground truth box)的中心点坐标以及宽和高。边界框回归计算可以理解为一个 anchor(或 RoI)向一个真实框逼近的过程。

RoI 或 anchor 有目标时,p_i^* 为 1,没有目标时,p_i^* 为 0,这意味着只有前景才计算边界框回归损失,背景不计算边界框回归损失。常用 Smooth_{L1} 函数作为边界框回归损失函数,即

$$L_{reg}(t_i, t_i^*) = \text{Smooth}_{L1}(t_i - t_i^*) \qquad (6.49)$$

N_{cls} 和 N_{reg} 为归一化项。λ 是平衡分类损失和回归损失的权重系数。在实际代码实现中,N_{cls} 和 N_{reg} 通常取相同的值,即样本的 mini-batch 大小,在这种情况下,λ 值为 1。

在最初的论文中,Faster R-CNN 是用交替优化法(alternating optimization)训练的,即独立地训练 RPN 和 Fast R-CNN 检测器,一共训练 4 个步骤。之后,研究者发现进行端到端的联合训练(joint optimization)会带来更好的效果。

交替优化方法就是交替训练 RPN 与 Fast R-CNN 检测器,其具体训练步骤如下。

步骤 1 使用在 ImageNet 上预训练好的模型初始化基础特征提取器,使用均值为 0、方差为 0.01 的正态分布随机初始化 RPN 网络;端到端微调(fine-tune)基础特征提取器和 RPN 网络;使用训练好的 RPN 网络,生成并收集 RoIs。

步骤 2 使用上述方法初始化基础特征提取器和 Fast R-CNN 检测器;使用步骤 1 收集的 RoIs,端到端微调基础特征提取器和 Fast R-CNN 检测器。步骤 1 的 RPN 网络和步骤 2 的 Fast R-CNN 检测器不共享基础特征提取器。

步骤 3 使用步骤 2 训练好的模型进行初始化,然后固定基础特征提取器,也就是不更新基础特征提取器的参数,仅微调 RPN 网络,使用训练好的 RPN 网络,生成并收集 RoIs。

步骤 4 保持基础特征提取器固定不变,使用步骤 3 收集的 RoIs,仅微调 Fast R-CNN 检测器。此时 RPN 网络和 Fast R-CNN 检测器共享了基础特征提取器,并且形成一个统一的 Faster R-CNN。

5. 模型性能评估

目标检测算法的性能需要通过实验从检测精度(更好)、检测速度(更快)和鲁棒性(更强)等方面进行验证与评估。

检测精度可以使用精准率和召回率来描述。mAP(mean Average Precision)作为一个统一的指标将精准率和召回率这两种性能度量指标统一起来,兼顾考虑。

mAP 实现步骤简略如下。

(1) 根据每一类预测框的置信度,降序排列该类预测框,计算该类预测框的 IoU,IoU 大于阈值(如 0.5)的预测框为真正例(TP),否则为假正例(FP),计算该类预测框在不同召回率下的精准率。

(2) 以精准率为纵坐标、召回率为横坐标,绘制出的一条 P-R 曲线。曲线下的面积即为某一类别的平均精准率(average precision,AP)。对于每个类别,均求得其 AP。

(3) 最后对所有类别的 AP 求均值,即得到平均精准率均值(mAP)。

我们不仅要关注目标检测算法的精度,还要关注其运行速度,常用每秒帧率(frames per second,FPS)来表示目标检测算法在指定硬件上每秒处理图片的张数。实践中,目标检测算法运行平台不统一,速度方面的指标可能较难形成统一的参考标准。

同时,我们还需要对图像中的目标拍摄角度、目标放置方式、目标所处的背景、目标的尺寸、图像的曝光度、图像的饱和度、图像的色调等方面进行调整,以消除图像数据中常见的偏见(如目标正面朝上、在相对统一的位置展示核心目标、在相对统一的背景下展示核心目标等),从而增强目标检测算法的鲁棒性(robust),提升目标检测算法的 mAP。

总体而言,Faster R-CNN 较 Fast R-CNN 在综合性能上有了较大提高,在检测速度方面尤为明显。在 Faster R-CNN 的启发下,出现了很多其他的目标检测与分割算法,比如 Mask R-CNN、SSD(Single Shot MultiBox Detector)、YOLO(You Only Look Once)、YOLOv2、YOLOv3,虽然 Mask R-CNN 主要应用在图像实例分割上,但该论文与 Faster

R-CNN 是一脉相承的。

R-CNN、Fast R-CNN 和 Faster R-CNN 属于目标检测算法中的 Two stage 算法,而 SSD、YOLO、YOLOv2、YOLOv3、RetinaNet 等属于 One stage 算法。两者的主要区别在于 Two stage 算法需要先生成 region proposals(由 anchors 加上偏移量得到),然后再对 region proposals 进行分类和精确坐标回归,因此有较高的检测精度,但因第二级需要单独 对每个 region proposal 进行分类与回归,因此检测速度很慢;而 One stage 算法直接在网络 中提取特征来预测目标的类别和边界框位置,没有中间的 region proposals 检出过程,因此 检测速度很快,也被称为 Region-free 方法。

6.6.3.4 YOLO 算法

YOLO 开启了目标检测的 One stage 算法,让人感到新奇和兴奋。YOLO 采用一个单 独的 CNN 模型实现了统一的、快速的、端到端的目标检测。

YOLO 模型将输入图像调整为 448×448 的尺寸,然后送入 CNN 网络。

CNN 网络参考了 GoogleNet 模型,包含 24 个卷积层和 2 个全连接层。网络的卷积层从输 入图像中提取特征,网络的全连接层则是对提取的特征进行非线性组合以得到模型的输出。

网络最后的预测输出是一张量 $S \times S \times (B \times 5 + C)$,该张量所代表的含义如下。

(1) 模型将整张输入图像划分为 $S \times S$ 个网格(论文中为 7×7 个网格)。

(2) 模型为每个网格预测 B 个边界框(论文中为 2 个边界框);为每个边界框预测 5 个 值 x、y、w、h 和置信度(confidence),x 和 y 表示边界框的中心点相对于该网格边界的坐 标,w 和 h 表示边界框相对于整个图像的宽度和高度,置信度表示边界框是否包含目标以 及目标位置的精准性。

(3) 模型为每个网格预测 C 个条件类别概率 $\Pr(\text{Class}_i | \text{Object})$($C$ conditional class probabilities,论文中为 20 个类别),这些概率以包含目标的网格为条件。

YOLO 模型将网格的条件类别概率和该网格的每个边界框的置信度预测值相乘,就得 到每个边界框的类别置信度向量。每个边界框的类别置信度向量包含了 C 个类别(论文中 是 20 个类别)的概率。

得到每个边界框的类别置信度向量之后(一共有 $7 \times 7 \times 2 = 98$ 个边界框),针对 98 个边 界框,首先将边界框的类别置信度向量中小于阈值的值设置为 0,然后按类别分别对边界框 进行 NMS(非极大值抑制)处理,最后依次计算每个边界框的类别置信度向量中的非零的最 大值,该最大值所对应的索引即为该边界框的类别。

YOLO 的损失函数如下

$$
\begin{aligned}
\text{Loss} = &\lambda_{coord} \sum_{i=0}^{S^2} \sum_{j=0}^{B} \mathbb{I}_{ij}^{obj} \left[(x_i - \hat{x}_i)^2 + (y_i - \hat{y}_i)^2 \right] + \\
&\lambda_{coord} \sum_{i=0}^{S^2} \sum_{j=0}^{B} \mathbb{I}_{ij}^{obj} \left[(\sqrt{w_i} - \sqrt{\hat{w}_i})^2 + (\sqrt{h_i} - \sqrt{\hat{h}_i})^2 \right] + \\
&\sum_{i=0}^{S^2} \sum_{j=0}^{B} \mathbb{I}_{ij}^{obj} (C_i - \hat{C}_i)^2 + \lambda_{noobj} \sum_{i=0}^{S^2} \sum_{j=0}^{B} \mathbb{I}_{ij}^{noobj} (C_i - \hat{C}_i)^2 + \\
&\sum_{i=0}^{S^2} \mathbb{I}_i^{obj} \sum_{c \in \text{classes}} (p_i(c) - \hat{p}_i(c))^2
\end{aligned}
\tag{6.50}
$$

式中：

$\amalg_{ij}^{obj}$ 表示第 i 个网格中的第 j 个边界框含有目标；

$\amalg_{ij}^{noobj}$ 表示第 i 个网格中的第 j 个边界框不含有目标；

$\amalg_i^{obj}$ 表示第 i 个网格含有目标；如果某个网格不含目标，则算法不计算该网格的分类损失，如果某个边界框不负责预测目标，则算法不计算该边界框的坐标损失。

若某个目标的中心落入某个网格中，那么该网格包含该目标，具体来说是由该网格中的与该目标具有最大 IoU 值的边界框负责检测该目标，该网格中的其余边界框作为背景（即不含目标）。若某个目标的中心不落在某个网格中，则该网格不含该目标，该网格中的边界框不负责预测该目标。由于大多数网格和边界框不包含目标，因此正负样本很不均衡，这可能导致模型训练发散，YOLO 算法通过在损失函数中使用惩罚系数 $\lambda_{coord}=5$ 和 $\lambda_{noobj}=0.5$ 的方法来解决正负样本不均衡问题。

YOLO 的训练过程主要包括以下两个步骤。

步骤 1 在 ImageNet 上进行预训练。预训练的模型采用 GoogleNet 模型的前 20 个卷积层，然后添加一个 average-pool 层和全连接层。此时模型的输入为 224×224。

步骤 2 预训练之后，进行目标检测训练。目标检测模型包含预训练得到的 20 个卷积层和随机初始化的 4 个卷积层及 2 个全连接层。为了提高目标检测的精度，模型的输入由 224×224 改为 448×448。

YOLO 提供了一个统一的、简单的、全局的、端到端的训练和推理框架，因此其速度很快。但是，由于 YOLO 中每个网格只含两个边界框，且这两个边界框属于同一类别，两个边界框中只能有一个负责目标检测，因此当目标相互重叠时、目标占图像比例较小时、目标具有不常见的形状时，YOLO 的检测效果不理想。

6.6.3.5 SSD 算法

SSD 结合了 YOLO 和 Faster R-CNN 的优点，在保证高检测速度的同时，达到了与 Faster R-CNN 几乎一样的检测精度。

SSD 模型结构简图如图 6.23 所示。

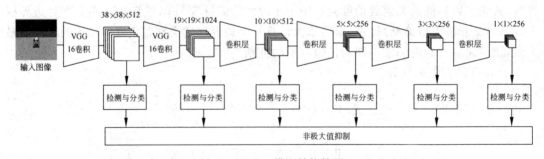

图 6.23 SSD 模型结构简图

SSD 模型包含如下三个部分。

1）基础网络模块（base network）

基础网络模块采用了 VGG16 的卷积神经网络架构，主要功能是从输入图像中提取 38×38 和 19×19 两个浅层的、细粒度的特征图以供后续的预测模块使用。

2）辅助卷积网络模块（auxiliary network）

辅助卷积网络模块连接在基础网络模块之后，主要功能是通过辅助卷积神经网络得到 10×10、5×5、3×3 和 1×1 共 4 个深层的、粗粒度的特征图以供后续的预测模块使用。

3）预测模块（prediction）

SSD 的核心就是使用上述 6 个不同尺度的特征图进行目标检测，而 YOLO 模型只使用最后一层的特征图来进行预测。浅层的高分辨率特征图用于检测小目标，而深层的低分辨率特征图用于检测大目标，因此，同时在不同尺度的特征图上进行目标检测，可以检测出不同大小的目标，理论上应该会获得更好的检测效果。

预测模块首先为上述 6 个不同尺度的特征图上的每个单元预设多个不同尺度（scale）和宽高比（aspect ratio）的缺省框（default boxes），这些缺省框类似于 Faster R-CNN 中的 anchors。不同尺度的特征图上使用不同的缺省框。

然后，预测模块使用 6 个预测器对 6 个不同尺度的特征图分别进行预测（每个预测器含两个独立的全卷积网络，分别用于定位和分类），得到 6 个如下形式的输出特征图

$$M\times N\times[num\_anchors\times(4+C)] \tag{6.51}$$

其中，$M\times N$ 表示特征图的宽高，$[num\_anchors\times(4+num\_classes)]$ 表示特征图的深度；模型为特征图的每个单元设置 $num\_anchors$ 个缺省框，为每个缺省框预测 4 个偏移量（offsets）和 C 个类别分数（含背景类别）。

最后，预测模块根据每个缺省框的多类别分数中的最大值，确定每个缺省框所属类别与置信度值，同时过滤掉属于背景的缺省框和置信度值小于某一阈值（如 0.5）的边界框；对于留下的缺省框进行解码，得到缺省框的真实位置和大小，对超出图像边界的缺省框进行裁剪；解码之后，根据置信度值对缺省框进行降序排列，得到 Top N 个缺省框；通过 NMS 算法，过滤掉重叠度较大的缺省框，剩余的缺省框就是最终的预测结果了。

在模型训练过程中，SSD 首先需要从众多的缺省框中确定一定量的正负样本用于训练，也就是说需要确定哪些缺省框可以与一个真实框相匹配。在 YOLO 中，某个真实框（ground truth box）的中心落在哪个网格中，那个网格中的与真实框具有最大 IoU 值的边界框就负责预测这个真实框，而剩余的边界框不与这个真实框相匹配。SSD 没有采用 YOLO 的方法，而是采用类似于 Faster R-CNN 的方法来确定正负样本。在 SSD 中，每一个真实框可以有多个缺省框与之相匹配。

SSD 首先计算每一个缺省框与哪一个真实框具有最大 IoU 值；然后，从真实框出发，寻找与每一个真实框有最大 IoU 值的缺省框，这样就能保证每一个真实框一定与一个缺省框相匹配；再然后，从缺省框出发，如果剩余的缺省框与一个真实框的 IoU 值大于某个阈值（如 0.5），那么该缺省框也与这个真实框相匹配，这意味着一个真实框可以与多个缺省框进行匹配。与真实框相匹配的缺省框设置为正样本（前景，positive example），如果正样本的数量大于规定的数量，则进行采样。匹配完成后，绝大多数的缺省框都是负样本（背景，negative example）。一般情况下，一张图像中的负样本数量要比正样本多很多，正负样本比例极不平衡将导致以下两个问题。

（1）模型训练损失易被大批量的负样本所左右，而少量的正样本所提供的关键信息却不能在模型训练损失中发挥正常作用，这种现象不利于模型损失函数的收敛。

（2）大多数负样本不在前景和背景的过渡区域上，很容易被分类，这种易分类的负样本

被称为"easy negative examples"。由于易分类的负样本的背景概率值大,因而造成模型训练损失很小,反向传播时该损失对模型参数的修改作用就很有限。因此,我们更需要那些难分类的负样本(hard negative examples)。

目前在目标检测领域,解决正负样本比例严重失衡问题的方法主要有 Hard example mining、Focal loss 等。

Focal loss 方法就是在交叉熵损失函数中加入指数形式的系数对其进行校正,该系数与边界框包含目标的概率成反比。修改后的交叉熵损失函数如下

$$FL(p_t) = -\alpha_t(1-p_t)^\gamma \log(p_t) \tag{6.52}$$

式中:

p_t 是不同类别的概率;$\gamma > 0$;

$\alpha_t \in [0,1]$;γ 和 α_t 都是固定值,不参与训练。

从公式(6.52)中易看出,所加的指数式系数可自动调节正负样本对损失的贡献大小,即易分样本对模型总体损失的贡献小,难分样本对模型总体损失的贡献大。这样得到的损失将集中精力去诱导模型努力分辨那些难分的目标,从而有效提升目标检测精度。

SSD 算法使用"难分类负样本挖掘"方法来解决正负样本不均衡问题,即按照损失(损失越大,预测的背景概率就越小,)对负样本进行降序排列,选取其中的 Top N 作为负样本,以保证正负样本的比例近似为 1:3。Faster R-CNN 算法根据候选框的前景概率值,按降序排列所有候选框,然后从中提取 Top N 个候选框,这种操作间接地过滤掉易分类的负样本,同时将正负样本比例控制在 1:3 范围内。

SSD 采用类似于 Faster R-CNN 的多任务损失函数进行模型训练。SSD 的总损失函数是定位损失函数和分类损失函数的加权和。定位损失函数是 $Smooth_{L1}$ 损失,分类损失函数是多元分类损失。

6.6.3.6　YOLOv2 算法

为了提升 YOLO 的定位精准率和召回率,YOLOv2 在 YOLO 的基础上做了许多改进。这些改进使得 YOLOv2 的 mAP 有了显著的提升,同时 YOLOv2 仍然保持着较快的速度。YOLOv2 的主要改进措施如下。

(1) YOLO 将输入图像划分为 7×7 个网格,为每个网格预测两个边界框(这两个边界框属于同一个类别)。由于 YOLO 中的边界框数量很少,而且边界框尺寸和比例单一,缺少变化,因此 YOLO 在定位精度和召回率方面不理想。为了提升模型的 mAP,YOLOv2 借鉴了 Faster R-CNN 中的 RPN 网络和 anchors 思想,移除了 YOLO 中的最后的全连接层,而使用卷积网络和 anchors 来预测边界框。

(2) Faster R-CNN 中的 anchors 都是手工选择的,具有一定的主观性。如果选取的 anchors 能够更好地适应训练集中的真实框,那么模型学习起来就会更加容易,就会做出更好的预测。YOLOv2 使用 K 均值聚类算法来分析训练集中的标注目标边界框,自动选出合适的 anchors,从而加速模型学习,提升模型的预测精度。

(3) 通常一幅图像中包含各种不同大小的目标,因此目标检测算法必须具备能够检测出不同大小目标的能力。卷积神经网络模型越深,模型提取的特征图就越小,图像中的小目标就越难被检测出来。YOLO 只在单个深层的、粗粒度的特征图上进行检测,因而很难检

测出小目标。Faster R-CNN 和 SSD 均使用不同深度的多尺度特征图来检测不同大小的目标,其中较浅的特征图可以用来预测小目标,而较深的特征图可以用来预测大目标。而 YOLOv2 使用一种称为"passthrough 层"的方法实现不同大小目标的检测。该方法将浅层的高分辨率 26×26×512 特征图变换为 13×13×2048 的新特征图,然后通过增加通道数(channels)的方法,将新特征图与深层的低分辨率 13×13×1024 特征图连接(concatenate)在一起,形成 13×13×3072 的特征图,然后在此扩展的特征图上进行卷积预测,从而加强了对小目标的检测效果。

YOLOv2 测试的输入图像大小为 416×416。

YOLOv2 模型采用 1 个称为 Darknet-19 的分类模型作为其基础模型架构。Darknet-19 与 VGG16 模型的设计原则是一致的,包括 19 个卷积层、5 个最大池化层和 1 个分类预测层。在 Darknet-19 基础之上,YOLOv2 去除了 Darknet-19 模型的最后 1 个卷积层、全局平均池化层(global average pooling)以及多元分类层,新增了 3 个卷积层和 1 个 passthrough 层,最后通过 1×1 卷积层,得到如下形式的输出特征图

$$13 \times 13 \times [5 \times (4+1+C)] \tag{6.53}$$

其中,13×13 表示特征图的宽高,$[5 \times (4+1+C)]$ 表示特征图的深度;模型为特征图的每个单元生成 5 个边界框(anchors),为每个边界框预测 4 个坐标、1 个目标分数(该目标分数等同于 YOLO 的置信度)和 C 个类别分数。

YOLOv2 的损失函数类似于 YOLO 的损失函数,依旧以"回归"为主。YOLOv2 的损失函数需要权衡三个方面的损失,即边界框的坐标损失、边界框的置信度损失以及边界框的分类损失。

YOLOv2 的训练过程主要包括以下三个步骤。

步骤 1 在 ImageNet 分类数据集上预训练 Darknet-19 分类模型,训练 160 个 epochs。此时模型输入为 224×224。由于输入图像的分辨率不高,因此这一阶段训练的分类器模型不利于后续的目标检测。

步骤 2 将 Darknet-19 分类模型的输入调整为 448×448,继续在 ImageNet 数据集上进行微调,训练 10 个 epochs。高分辨率的分类器能使 YOLOv2 的 mAP 提升许多。

步骤 3 将 Darknet-19 模型改为 YOLOv2 模型,然后在目标检测数据集(如 VOC、COCO)上微调 YOLOv2 模型。为了增强模型的泛化性能,提升模型的 mAP,YOLOv2 采用多尺度输入训练策略(multi-scale training),即在训练过程中每隔一定的迭代次数改变模型的输入图像大小。

从某种意义上来说,YOLOv2 和 SSD 这两个 One stage 算法与 Faster R-CNN 中的 RPN 本质上是无异的,它们直接借用"RPN"一步到位做出精确的预测。

6.6.3.7 YOLOv3 算法

YOLOv3 在 YOLO 的基础上又进行了一些细节方面的改进,在保持高检测速度的前提下,再次提高了目标检测精度,尤其是加强了小目标和重叠遮挡目标的识别,补齐了 YOLO 的短板,是目前在速度和精度之间达到最佳均衡的目标检测算法。

YOLOv3 的主要改进如下。

(1) YOLOv3 在对目标进行分类时不再使用多元分类函数。这是因为在一个边界框中

出现的目标可能同属于多个类别(比如妇女和人),而多元分类的使用前提是每个边界框只能属于一类。所以 YOLOv3 使用了多个独立的逻辑回归分类器进行分类,每个分类器对于边界框中出现的目标只判断其是否属于当前标签,即简单的二分类。这样的逻辑回归分类器正好能够帮助模型适应这种多标签(multilable)分类,更好地对数据进行建模。

(2) 在 YOLOv3 论文中,YOLOv3 使用 K 均值聚类算法,自动选出 9 个聚类中心作为 anchors,然后将这 9 种 anchors 平分给 13×13、26×26 和 52×52 3 个特征图,浅层特征图使用小的 anchors,深层特征图使用大的 anchors。这 3 个特征图的每个单元上均定义了 3 个 anchors。

(3) 在卷积神经网络中,网络越深,所得到的特征图就会越小;特征图越小,特征图中的小目标就越容易丢失。SSD 的做法是对不同深度的特征图分别进行检测,以达到检测出不同大小目标的目的。然而这样的做法忽视了一个问题,那就是不同深度的特征图所包含的信息一般是不相同的,为什么不相同呢?我们可以从感受野这个角度来讨论。所谓感受野(receptive field)就是卷积神经网络每一层输出的特征图上的像素点在原始图像上映射的区域大小,即网络内部不同神经元对原始图像的感受范围的大小。浅层特征图的感受野比深层特征图的感受野要小,因此浅层特征图更关注局部的、个性的、表象的、细节的、复杂的、低级的信息,而深层特征图更关注全局的、共性的、抽象的、总体的、简单的、高级语义方面的信息(如自行车、人、动物等)。虽然深层特征图的语义信息能帮助模型准确检测出目标,但是浅层特征图的细节信息可以在一定程度上提升模型的检测精度。所以在不同深度的特征图中分别进行检测的做法可能效果并不好。YOLOv3 的做法是采用类似于 FPN(feature pyramid network,特征金字塔网络)的上采样(upsample)和融合(concatenate)的方法,对三个不同尺度的特征图(13×13、26×26、52×52)进行融合处理,在保留深层特征图语义信息的基础上,获得更多的浅层特征图的细节信息,从而实现不同大小目标的检测。

FPN 方法简单地来说就是:首先,网络对某一深层特征图进行卷积和上采样操作;然后,通过增加通道数的方法(即 concatenate 方法),将上采样后的特征图与某一浅层的特征图连接在一起;最后,在融合后的特征图上,再使用一些卷积层进行处理,得到一个预测结果,该预测结果同时利用了浅层特征的高分辨率和深层特征的高语义信息,因此能更好地适应复杂场景下的多目标检测。

YOLOv3 采用了全新的网络结构作为基础特征提取器。该基础特征提取器包含了大量的 3×3 以及 1×1 卷积层;用步幅为 2 的卷积层替代池化层来完成对特征图的下采样;在每个卷积层后,增加批归一化操作(batch normalization,BN)和激活函数 LeakyReLU,以避免梯度消失及过拟合;为了避免因网络层数的加深而导致模型性能退化(degradation)现象(即增加网络层数却导致更大的训练误差),YOLOv3 在基础特征提取器中使用 5 个残差块(residual blocks)结构以加深网络层数,形成了 53 层的骨干网络 DarkNet-53。从 YOLOv3 的论文中可以看出,Darknet-53 的性能可以与最先进的分类器媲美,而且速度也更快。在 Darknet-53 的基础上,YOLOv3 使用一些类似于 FPN 的卷积网络,对上述 3 个不同尺度的特征图分别进行卷积操作,最后得到 3 个如下形式的输出特征图

$$N\times N\times [3\times(4+1+80)] \tag{6.54}$$

其中,$N\times N$ 表示某一输出特征图的宽高,$[3\times(4+1+80)]$ 表示该输出特征图的深度;模型为 $N\times N$ 特征图的每个单元预测 3 个边界框(anchors),为每个边界框预测 4 个偏移量、1 个目标分数(objectness score,该分数表示边界框有无目标)和 80 个类别分数(class scores)。

在模型训练过程中,如果某个 anchor 与一个真实框的 IoU 值大于其他任何的 anchors,那么该 anchor 的 *Label*＝1(表示前景);如果 anchor 的 IoU 值不是最好的,但是又高于设定的阈值(作者在论文中使用的阈值是 0.5),那么该 anchor 被忽略;YOLOv3 为每个真实框只分配一个 anchor,即与真实框具有最大 IoU 值的那个 anchor;如果一个 anchor 没有被分配给一个真实目标,意味着这个 anchor 是一个负样本(表示背景),那么模型仅计算它的目标分数损失,而不考虑它的坐标损失和分类损失。YOLOv3 不采用"难分类的负样本挖掘"方法。

YOLOv3 的损失函数由三部分构成:对于边界框的坐标损失,YOLOv3 使用 MSE 损失(也可使用 GIoU 损失);对于边界框的目标分数损失和分类损失,YOLOv3 使用 BCE 损失。损失函数使用惩罚系数 $\lambda_{coord}＝5$ 和 $\lambda_{noobj}＝0.5$ 来解决正负样本不均衡的问题。

YOLOv3 的模型结构简图如图 6.24 所示。

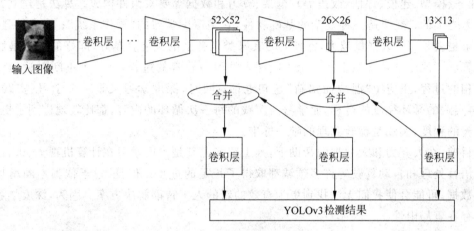

图 6.24　YOLOv3 模型结构简图

人们对 YOLOv3 的期望主要在于 3 个方面:更高的精确率,更广泛的实时检测,以及更轻量化的模型。

综上所述,当前目标检测模型架构主要包括以下几个部分。

(1) 基础特征提取部分。该部分主要功能是获取基础特征,主要结构有 VGG、ResNet、DenseNet、MobileNet、SqueezeNet、ShuffleNet 等。

(2) 中间部分。该部分主要功能是收集用于预测的多尺度特征图,主要结构有 FPN、BiFPN、NAS-FPN、PAN、SPP 等。

(3) 预测部分。该部分的主要功能是预测目标的类别和目标的边界框,主要结构有 One stage 预测和 Two stage 预测,这两种预测结构又可分为 anchor based 结构和 anchor free 结构(如 CornerNet、RepPoints)。

6.7　深度学习的展望

深度学习是机器学习中的一种算法,是一种通过计算机从数据中学得模型的过程,也可以说是一种建模过程(归纳推理过程、统计推断过程)。如图 6.25 所示,深度学习主要由算

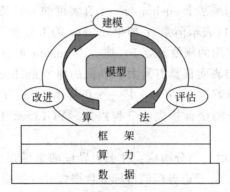

图 6.25　深度学习的核心组件

法(任务、模型、建模、评估、改进等)、框架、算力和数据等要素组件构成。算法是建立在框架和算力之上的;框架是一种复杂的基础软件,它是深度学习的"操作系统";算力越强大,算法效果也就越好;数据量越大,深度学习在某类任务上的性能就越好,即好的数据远胜于花哨的算法。深度学习实质上是一个不断深入学习与思考的过程,是一个不断逼近问题本质和真相的过程,正应了"温故而知新"这句老话;同时,深度学习又是一个学习、实践、再学习、再实践的循环往复的过程,而学习与实践的每一次循环的内容,都比较地进到了更高级、更完善的程度,实践是检验真理的唯一标准。

目前,在大算力和大数据的帮助下,人工智能尤其是深度学习在计算机视觉、语音识别、自然语言处理和自动驾驶等许多领域都取得了长足的进步。但是,过于依赖不断增加的算力和数据,可能会使我们无法找到更为有效的新的人工智能解决方案。因为,深度学习本身仍然存在着局限性。

"智能"音箱可以理解我们的基本命令,但却无法理解我们的长篇对话。

"智能"图像识别模型可以在 ImageNet 数据库上超越人类水平,却会把贴了贴纸的交通标牌认成冰箱。

"智能"游戏系统可以在 Dota 等多种复杂游戏中击败人类,但只要稍微修改游戏操作规则,就会束手无策。

一辆自动驾驶汽车在接近停止标志时非但没有停车,反而加速驶离。该汽车之所以做出这种决策,是因为停止标志的表面贴了 4 个小矩形。这样一来,自动驾驶汽车就把停止标志识别成了"限速 45"。

在帽子和眼镜上贴上贴纸有可能成功欺骗人脸识别系统。

还有研究者用白噪声来欺骗语音识别系统。

当前的深度学习算法在样本空间之外泛化时显得力不从心。

总之,只要对这些系统的输入做一些微小的改动,最好的深度学习系统也会被"忽悠",从而做出错误的判断。

这些案例都说明了深度学习系统是多么的脆弱!为什么深度学习的本质是如此的脆弱?究其原因,当前的深度学习本质上是复杂的关联关系,它可能知道两件事是关联的,但并不知道它们为什么相关,也就是说不知道它们之间存在的因果关系,因此,如果测试环境发生变化,那么这些统计信息就不再有意义了。还可以这样理解,目前的深度学习是快速的、直觉的、无意识的、非语言的感知智能系统,而不是慢速的、自觉的、有意识的、带逻辑的、可推理的以及可以用语言表达的认知智能系统,因此目前的深度学习系统没有办法深刻理解问题背后的原因。

综上所述,感知智能技术存在的缺陷包括但不限于以下。

(1) 模型鲁棒性差,不安全,易受攻击。

(2) 对样本分布敏感,迁移到少样本、新任务上的能力差,不易泛化。

(3) 模型可解释性差,对于可靠性要求高的任务很难胜任。

(4) 缺乏积累知识的能力,不能和人类已有的知识体系进行很好的关联,缺乏可靠的推理方法。

为了突破感知智能技术的局限性,人工智能需要从浅层的、表象的感知智能走向更加深层、更加抽象的认知智能。

美国纽约大学的 Gary Marcus 教授认为深度学习局限于感知,需要与符号主义 AI 相结合。符号主义 AI 是经典的、基于规则的,虽然它很难处理现实世界中混乱的、非结构化的数据,但它在知识表示和推理方面非常出色,而这两个优势是目前神经网络严重缺乏的。

2019 年图灵奖获得者 Yann LeCun、Geoffrey Hinton 和 Yoshua Bengio 则认为将深度学习的输出离散化后传递到符号 AI 系统的简单组合不会奏效,他们更倾向于在保持深度学习框架的同时完成感知系统与认知系统的结合。

还有很多人工智能界的研究人员正转而研究神经科学,他们把神经科学重新带回了人工智能领域。

路漫漫,其修远兮。人工智能的研究与应用永远在路上。

参 考 文 献

[1] 吴启迪.柔性制造自动化的原理与实践[M].北京：清华大学出版社,1997.

[2] 张培忠.柔性制造系统[M].北京：机械工业出版社,1997.

[3] 刘延林.柔性制造自动化概论[M].武汉：华中科技大学出版社,2001.

[4] 徐杜,蒋永平,张宪民.柔性制造系统原理与实践[M].北京：机械工业出版社,2001.

[5] 李少远,王景成.智能控制[M].北京：机械工业出版社,2005.

[6] 刘金琨.智能控制[M].北京：电子工业出版社,2005.

[7] 阎平凡.人工神经网络与模拟进化算法[M].北京：清华大学出版社,2005.

[8] 张根保.自动化制造系统[M].北京：机械工业出版社,2005.

[9] 周凯,刘成颖.现代制造系统[M].北京：清华大学出版社,2005.

[10] 王志新,金寿松.制造执行系统 MES 及其应用[M].北京：中国电力出版社,2006.

[11] 胡运发.数据与知识工程导论[M].北京：清华大学出版社,2006.

[12] 程武山.智能控制理论与应用[M].上海：上海交通大学出版社,2006.

[13] 董海鹰.智能控制理论及应用[M].北京：中国铁道出版社,2006.

[14] 高尚,杨静宇.群智能算法及其应用[M].北京：中国水利水电出版社,2006.

[15] 韩立群.智能控制理论及应用[M].北京：机械工业出版社,2008.

[16] 赵明旺,王杰.智能控制[M].武汉：华中科技大学出版社,2010.

[17] 沈向东.柔性制造技术[M].北京：机械工业出版社,2013.

[18] 徐兵,陶丽华,白俊峰.柔性作业车间生产调度与控制系统[M].北京：化学工业出版社,2015.

[19] Lan Goodfellow,YoshuaBengio,Aaron Courville.深度学习[M].北京：人民邮电出版社,2017.

[20] 周志华.机器学习[M].北京：清华大学出版社,2017.

[21] 陈仲铭.深度学习原理与实践[M].北京：人民邮电出版社,2018.

[22] 高志强.深度学习：从入门到实战[M].北京：中国铁道出版社,2018.

[23] 刘鹏.深度学习[M].北京：电子工业出版社,2018.

[24] 唐进民.深度学习之 PyTorch 实战计算机视觉[M].北京：电子工业出版社,2018.

[25] 魏秀参.解析深度学习：卷积神经网络原理与视觉实践[M].北京：电子工业出版,2018.

[26] 杨培文.深度学习技术图像处理入门[M].北京：清华大学出版社,2018.

[27] 赵涓涓.深度学习：主流框架与编程实战[M].北京：机械工业出版社,2018.

[28] 奥辛格.深度学习实战[M].北京：机械工业出版社,2019.

[29] 集智俱乐部.深度学习原理与 PyTorch 实战[M].北京：人民邮电出版社,2019.

[30] 缪鹏.深度学习实践：计算机视觉[M].北京：清华大学出版社,2019.

[31] 帕特森.深度学习基础与实践[M].北京：人民邮电出版社,2019.

[32] Krizhevsky A,Sutskever H,Hinton G E. ImageNet Classification with Deep Convolutional Neural Networks[J]. Communications of the ACM,2017,60(6)：84-90.

[33] Rumelhart D E,Hinton G E,Williams R J. Learning representations by back-propagating errors[J]. Nature,1986,323(6088)：533-536.

[34] Ulyanov D,Vedaldi A,Lempitsky V. Instance Normalization：The Missing Ingredient for Fast Stylization. https://arxiv.org/abs/1607.08022.

[35] Ba J L,Kiros J R,Hinton G E. Layer Normalization. https://arxiv.org/abs/1607.06450.

[36] Long J,Shelhamer E,Darrell T. Fully convolutional networks for semantic segmentation[C]//IEEE Conference on Computer Vision and Pattern Recognition,2015,3431-3440.

[37] Redmon J,Farhadi A. YOLO9000：Better,faster,stronger[C]//IEEE Conference on Computer

Vision and Pattern Recognition,2017,6517-6525.

[38] Redmon J. YOLOv3:An Incremental Improvement[EB/OL]. https://arxiv. org/pdf/1804. 02767. pdf.

[39] Redmon J,Divvala S,Girshick R,et al. You only look once:Unified,real-time object detection[C]. arXiv preprint arXiv,2015:1506. 02640.

[40] He K M,Zhang X Y,Ren S Q,et al. Deep Residual Learning for Image Recognition[EB/OL]. https://arxiv. org/abs/1512. 03385.

[41] He K,Gkioxari G,Dollar P. Mask R-CNN[C]. arXiv preprint arXiv,2017:1703. 06870.

[42] Simonyan K,Zisserman A. Very Deep Convolutional Networks for Large-Scale Image Recognition [EB/OL]. https://arxiv. org/abs/1409. 1556.

[43] Everingham M,Zisserman A,Williams C K I,et al. The PASCAL Visual Object Classes Challenge [J]. International Journal of Computer Vision,2010,88:303-338.

[44] Girshick R,Donahue J,Darrell T,et al. Region-based Convolutional Networks for Accurate Object Detection and Segmentation[J]. IEEE Trans Pattern Anal Mach Intell,2016,38(1):142-158.

[45] Ren S Q, He K M, Girshick R. Faster R-CNN:Towards real-time object detection with region proposal networks[C]//Proceedings of the28th International Conference on Neural Information Processing Systems (NIPS),2015,91-99.

[46] Santurkar S,Tsipras D,Ilyas A. How Does Batch Normalization Help Optimization?[EB/OL]. https://arxiv. org/abs/1805. 11604.

[47] Liu W,Anguelov D,Erhan D,et al. SSD:Single shot multibox detector[C]//Proceedings of the 14th European Conference on Computer Vision,2018,21-37.

[48] Glorot X,Bengio Y. Understanding the difficulty of training deep feedforward neural networks[C]// Conference on Artificial Intelligence and Statistics,2010,9:249-256.

[49] LeCun Y,Bottou L,Bengio Y. Gradient-Based Learning Applied to Document Recognition[EB/OL]. http://vision. stanford. edu/cs598_spring07/papers/Lecun98. pdf.

[50] LeCun Y,Bengio Y,Hinton G E. Deep learning[J]. Nature,2015,521(7553):436-444.

[51] Wu Y,He K M. Group Normalization[EB/OL]. https://arxiv. org/abs/1803. 08494.

[52] 张超勇,饶运清,李培根,等.基于 POX 交叉的遗传算法求解 Job-Shop 调度问题[J].中国机械工程, 2004,15(23):2149-2153.

[53] 潘全科,朱剑英.作业车间动态调度研究[J].南京航空航天大学学报,2005,37(2):262-268.

[54] 吴秀丽,孙树栋,杨展,等.多目标柔性 Job Shop 调度问题的技术现状和发展趋势[J].计算机应用研究,2007,24(3):1-5.

[55] 郑金华.多目标进化算法及其应用[M].北京:科学出版社,2007.

[56] 张超勇,管在林,刘琼,等.一种新调度类型及其在作业车间调度中的应用[J].机械工程学报,2008, 44(10):24-31.

[57] 张超勇,李新宇,王晓娟,等.基于滚动窗口的多目标动态调度优化研究[J].中国机械工程,2009, 20(18):2190-2197.

[58] 王尧.基于数据挖掘的 Job-Shop 调度规则研究[J].管理创新,2010(12):49-52.

[59] 张超勇,董星,王晓娟,等.基于改进非支配排序遗传算法的多目标柔性作业车间调度[J].机械工程学报,2010,46(11):156-164.

[60] 赵诗奎,方水良.基于工序编码和邻域搜索策略的遗传算法优化作业车间调度[J].机械工程学报, 2013,49(16):160-169.

[61] 赵诗奎,方水良,顾新建.作业车间调度的空闲时间邻域搜索遗传算法[J].计算机集成制造系统, 2014,20(8):1930-1940.

[62] 汪双喜,张超勇,刘琼,等.不同再调度周期下的柔性作业车间动态调度[J].计算机集成制造系统, 2014,20(10):2470-2478.

[63] 刘巍巍,马雪丽,刘晓冰.面向柔性作业车间调度问题的改进变邻域搜索算法[J].计算机应用与软件,2015,32(4):234-238.

[64] 龙传泽,杨熠俊.基于遗传算法的柔性机器人制造单元调度问题研究[J].组合机床与自动化加工,2015(11):141-144.

[65] 赵诗奎.求解柔性作业车间调度问题的两级邻域搜索混合算法[J].机械工程学报,2015,51(14):175-184.

[66] 赵诗奎,王林瑞,石飞.作业车间调度问题综述[J].济南大学学报,2016,30(1):74-80.

[67] Coello C A. Twenty Years of Evolutionary Multi-Objective Optimization: a Historical View of the Field[J]. Computational Intelligence Magazine,2006,1(1):28-36.

[68] Crone D W, Knowles J D, Oates M J. The pareto envelope-based selection algorithm for multi-objective optimization[C]//Proceedings of the Parallel Problem Solving from Nature Ⅵ Conference, Paris,France. Lecture Notes in Computer Science: Springer,2000,1917:839-848.

[69] Zitzler E,Deb K,Thiele L. Comparison of multiobjective evolutionary algorithms: empirical results[J]. Evolutionary Computation,2000,8(2):173-195.

[70] Knowles J, Corne D. The Pareto archived evolution strategy: a new baseline algorithm for multiobjective optimization[C]//Proceedings of the 1999 Congress on Evolutionary Computation. Piscataway,NJ: IEEE Press,1999,98-105.

[71] Kacem I,Hammadi S,Borne P. Approach by localization and multiobjective evolutionary optimization for flexible job-shop scheduling problems[J]. IEEE Transaction Systems,Man,and Cybernetics-Part C,2002,32(1):1-13.

[72] Deb K,Pratap A,Agarwal S,et al. A fast and elitist multi-objective genetic algorithm: NSGA-Ⅱ[J]. IEEE Transactions on Evolutionary Computation,2002,6(2):182-197.

[73] Mastrolili M,Gambardella L M. Effective neighbourhood functions for the flexible job shop problem[J]. Journal of Scheduling,2000,(3):3-20.

[74] Srinivas N, Deb K. Multi-objective function optimization using non-dominated sorting genetic algorithm[J]. Evolutionary Computation,1995,2(3):221-248.

[75] Xia Weijun,Wu Zhiming. An effective hybrid optimization approach for multi-objective flexible job shop scheduling problems[J]. Computers Industrial Engineering,2005,48(2):409-425.

[76] 邓子琼.柔性制造系统建模与仿真[M].北京:国防工业出版社,1993.

[77] 王维平.离散事件系统建模与仿真[M].长沙:国防科技大学出版社,1997.

[78] 袁崇义.Petri网原理[M].北京:电子工业出版社,1998.

[79] 顾启泰.离散事件系统建模与仿真[M].北京:清华大学出版社,1999.

[80] 周炳海,蔡建国,施海锋.FMS递阶分布式控制系统建模方法[J].机床与液压,2001(6):11-13.

[81] 胡春华.基于Petri网的智能制造系统建模[J].中国机械工程,2001,12(12):1418-1423.

[82] 林宋.制造系统的Petri网建模[J].北方工业大学学报,2002,14(3):71-75.

[83] 周炳海,施海锋,蔡建国.FMS实时控制系统OOPN模型的死锁分析[J].机床与液压,2002(2):25-28.

[84] 江志斌.Petri网及其在制造系统建模与控制中的应用[M].北京:机械工业出版社,2004.

[85] 万里威.UML-OOPN集成建模方法及其在柔性制造系统的应用[J].微计算机信息,2007,23(4):232-234.

[86] 杨秀荣,杨建友.板材FMS基于规则的面向对象Petri网模型死锁分析[J].山西冶金,2007,30(3):54-58.

[87] 孙冬梅,卢雷,刘彩红.面向对象Petri网的约简和系统死锁的检测[J].计算机工程与应用,2009,45(22):49-52.

[88] 沈镇静.基于面向对象Petri网建模的FMS控制系统的设计与实现[D].中国科学院研究生院硕士

学位论文,2012.

[89] 刘晓斌,周炳海.基于 Petri 网的 OHT 搬运系统防死锁调度方法[J].中南大学学报,2013,44(11):4746-4752.

[90] 李玉晨.基于 OOPN 的柔性制造系统控制过程建模与仿真[D].长春工业大学硕士学位论文,2017.

[91] Huang H P,Chang P C. Specification,modelling and control of a flexible manufacturing cell[J]. Int J. Prod. Res. ,1992,30(11):2515-2543.

[92] Ezpeleta J,Colom J M,Martinez J. A Petri Net Based Deadlock Prevention Policy for Flexible Manufacturing Systems[J]. IEEE Transactions on Robotics and Automation,1995,11(2):173-184.

[93] Xing K Y,Hu B S,Chen H X. Deadlock Avoidance Policy for Petri-Net Modeling of Flexible Manufacturing Systems with Shared Resources[J]. IEEE Transactions on Automation Control,1996, 41(2):289-295.

[94] D'Souza K A. A control model for detecting deadlocks in an automated machining cell[J]. Computers Ind. Eng. ,1994,26(1):133-139.

[95] D'Souza K A,Khator S K. A survey of Petri net applications in modeling controls for automated manufacturing systems[J]. Computers in Industry,1994,24:5-16.

[96] Zhou M C,McDermott K,Patel P A. Petri net synthesis and analysis of a flexible manufacturing system cell[J]. IEEE Trans. Syst. Man. Cybernet. ,1993,23(2):523-537.

[97] Wu N,Zhou M C. Resource-oriented petri nets for deadlock avoidance in automated manufacturing [C]//Proceedings of the2000 IEEE international conference on robotics and automation,San Francisco,2000,3377-3382.

[98] Lee Y K,Park S J. OPnets:an object-oriented high-level Petri net model for real-time system modelling[J]. J. Systems Software,1993,20:69-86.

[99] 王伟东.OPC 技术在开放式 SCADA 系统中的研究与应用[D].电子科技大学硕士学位论文,2001.

[100] 汪辉.OPC 技术实现及应用[D].合肥工业大学硕士学位论文,2003.

[101] 周炳海,周晓军,奚立峰.基于组件的柔性制造单元控制系统设计与实现[J].上海交通大学学报,2003,37(z1):22-28.

[102] 武国峰.DNC 数据采集系统的研究与开发[D].南京航空航天大学硕士学位论文,2003.

[103] 王恺.教学型柔性制造系统 YG-FMS 的研究开发[D].扬州大学硕士学位论文,2004.

[104] 李绍成.基于 OPC 的可重构制造单元控制系统研究[D].南京航空航天大学硕士学位论文,2005.

[105] 马嘉.基于 OPC 的 MAS 底层信息采集和集成技术研究[D].南京航空航天大学硕士学位论文,2005.

[106] 纪强君.OPC 客户端开发研究与应用[D].重庆大学硕士学位论文,2007.

[107] 顾志刚.一类基于 OPC 的工业控制系统的研究[D].浙江工业大学硕士学位论文,2007.

[108] 隋永强.基于 OPC 技术的分布式控制系统研究及应用[D].武汉理工大学硕士学位论文,2007.

[109] 龚仲华.S7-200/300/400 PLC 应用技术[M].北京:人民邮电出版社,2007.

[110] 李玲.基于西门子 PLC 的柔性制造系统实现[J].顺德职业技术学院学报,2007,5(3):31-33.

[111] 袁海燕,王晓平.PLC 和机器人在柔性制造系统中的应用[J].长沙航空职业技术学院学报,2008,8(2):57-60.

[112] 张爱红.松下 PLC 在柔性制造系统设备控制中的应用[J].无锡职业技术学院学报,2008,7(5):7-9.

[113] 王锋,王品,李家霁.基于 IO 接口的柔性制造系统及其实现[J].组合机床与自动化加工技术,2009(12):78-81.

[114] 陈欣.基于 PLC 的自动化立体仓库堆垛机运行及监控系统的研究[D].哈尔滨理工大学硕士学位论文,2009.

[115] 王勇.基于 PLC 与 PROFIBUS 的柔性制造生产线控制系统的设计与实现[D].苏州大学硕士学位

论文,2009.

[116] 钱昕.基于 PLC 的自动化立体仓库设计与组态监控[J].苏州大学硕士学位论文,2009.

[117] 肖长虹.基于 OPC 技术的水处理控制系统的研究[D].沈阳理工大学硕士学位论文,2010.

[118] 张明.新型 DCS 组态软件 OPC 客户端和服务器的研究与开发[D].山东大学硕士学位论文,2010.

[119] 杨传颖,李赫.OPC 技术发展综述[J].仪器仪表用户,2012,19(4):6-8.

[120] 望荆沙.基于 OPC DA 3.0 的 OPC 服务器与客户端的研究与实现[D].西安电子科技大学硕士学位论文,2012.

[121] 何建明.OPC 服务器快速开发包研究与实现[D].西安电子科技大学硕士学位论文,2012.

[122] 曹娟.基于 PLC 与 PROFIBUS 的教学型 FMS 控制系统的研究与设计[D].南京理工大学硕士学位论文,2012.

[123] 李冬建,杨煜俊,郑栩栩,等.基于工业以太网的模具机器人制造单元联网通信研究[J].机床与液压,2013,41(1):19-23.

[124] 朱华炳,秦磊,张希杰,等.基于工业机器人的齿轮轴磨削自动化系统设计与研究[J].组合机床与自动化加工技术,2013(12):41-44.

[125] 毕辉,杨煜俊.可重构机器人制造单元控制系统设计与实现[J].组合机床与自动化加工技术,2013(11):51-54.

[126] 刘培跃.FANUC 系统数控机床网络化集成技术[J].机械工程与自动化,2013(3):9-11.

[127] 刘培跃,张亚寒.基于 FOCAS 的数控机床网络化集成系统开发[J].机床与液压,2014(22):161-163.

[128] 张军,罗英俊,周立红,等.FANUC 数控系统以太网功能的应用[J].制造技术与机床,2014(7):161-163.

[129] 程智勇,李晓娟,陈华龙,等.基于 FANUC0iTD 和 GSK 工业机器人柔性制造单元的设计[J].机床与液压,2014,42(21):98-100.

[130] 段莉,朱亚红,周福斌.基于 PLC 的柔性制造教学系统设计[J].重庆文理学院学报,2015,34(2):77-79.

[131] 李林英.教学型柔性制造生产线控制系统的设计与实现[D].长安大学硕士学位论文,2015.

[132] 王鸿博,李建东,崔晓晖,等.基于工业机器人的分拣生产线群控通信系统设计制造技术与机床,2016(3):93-98.

[133] 王雷,徐鹏,顾欢.机器人柔性车削加工单元设计研究[J].企业科技与发展,2016(6):52-59.

[134] 苏晓峰,史启程,刘金颂.基于 PLC 的工业自动化立体仓库控制系统设计[J].自动化与仪器仪表,2016(3):119-121.

[135] 胡晓慧.基于 PLC 的液晶行业立体仓库自动控制系统的设计与实现[D].北京工业大学硕士学位论文,2016.

[136] 王艳红,吴建平,李娜.基于 PLC 与触摸屏的立体仓库控制系统设计与实现[J].工业技术创新,2016,3(4):775-778.

[137] 谢春秋,余淑荣,许正军.基于 OPC UA 的数控机床远程监控系统研究[J].机械设计与制造工程,2017,46(12):51-53.

[138] 贝加莱工业自动化(中国)有限公司.OPCUA-智能制造的数据基础[J].智慧工厂,2017(11):40-45.

[139] 邱云,季振山,张祖超,王勇,等.基于 OPC UA 技术的 Labview 与 PLC 通信[J].计算机系统应用,2017,26(2):231-234.

[140] 刘丹,赵艳领,谢素芬.基于 OPC UA 的数字化车间互联网络架构及 OPC UA 开发实现[J].中国仪器仪表,2017(10):39-44.

[141] 王民,曹鹏军,宋铠钰,等.基于 OPC UA 的数控机床制造数字化车间信息交互模型[J].北京工业大学学报,2018,44(7):1040-1046.

[142] 许申声.四轴机器人的 OPC UA 数据采集客户端开发及安全性研究[D].重庆邮电大学硕士学位论文,2018.

[143] 李敏峰,欧阳帆.基于 OPC UA 协议的设备数据采集系统开发[J].信息技术与信息化,2018(7):70-72.

[144] 胡忠华,崔兴强.基于 OPC UA 接口的数控铣床 eMCS 系统设计[J].工业仪表与自动化装置,2019(3):54-58.

[145] 李广博.基于 OPC UA 的离散制造车间监控系统的研究与应用[D].中国科学院大学硕士学位论文,2019.

[146] 闵家林,吕毅,徐园园.西门子 840Dsl 数控系统 OPC UA 的配置与应用[J].科学技术创新,2019(24):81-82.